高等学校应用型特色规划教材

工业机器人
编程与系统集成

张爱红

主编

U0264949

人民邮电出版社

北 京

图书在版编目（CIP）数据

工业机器人编程与系统集成 / 张爱红主编. -- 北京：
人民邮电出版社，2024.3
高等学校应用型特色规划教材
ISBN 978-7-115-63048-3

Ⅰ．①工… Ⅱ．①张… Ⅲ．①工业机器人－程序设计
－高等学校－教材 Ⅳ．①TP242.2

中国国家版本馆CIP数据核字(2023)第203901号

内 容 提 要

　　本书全面介绍工业机器人编程与系统集成的技术与方法。全书共分 5 个模块，包括：工业机器人编程基础、
ABB 工业机器人 I/O 配置与应用、ABB 工业机器人示教编程、ABB 工业机器人总线与网络通信、ABB 工业机
器人与外围设备系统集成。每一个模块均有较为详细的图文内容。

　　本书可作为高等职业院校工业机器人技术、机电一体化技术、智能控制技术及其他相关专业的教材，也可
作为工业机器人编程与系统集成工程技术相关培训的教材。

◆ 主　　编　张爱红
　　责任编辑　王梓灵
　　责任印制　马振武

◆ 人民邮电出版社出版发行　　北京市丰台区成寿寺路 11 号
　　邮编　100164　　电子邮件　315@ptpress.com.cn
　　网址　https://www.ptpress.com.cn
　　三河市祥达印刷包装有限公司印刷

◆ 开本：775×1092　1/16
　　印张：15　　　　　　　　　　2024 年 3 月第 1 版
　　字数：365 千字　　　　　　　2024 年 3 月河北第 1 次印刷

定价：69.80 元

读者服务热线：**(010)81055493**　印装质量热线：**(010)81055316**
反盗版热线：**(010)81055315**
广告经营许可证：京东市监广登字 20170147 号

前　言

近年来，随着劳动力成本的上升和工厂自动化程度的提高，我国工业机器人市场规模已步入快速增长阶段。较为显著的是我国工业机器人生产企业正积极扩大产能，未来有望加快工业机器人国产化进程。面对旺盛的需求，工业机器人技术人才，尤其是工业机器人编程与系统集成的人才非常紧缺，因此加强人才培养迫在眉睫，这不仅关系到我国工业智能化的进程，也关系到全球智能制造产业的发展。

为了适应产业发展对人才培养提出的新需求，无锡职业技术学院在智能制造类专业中开设了"工业机器人编程与系统集成"等专业课程。2015 年，本书编者出版了《工业机器人应用与编程技术》；2017 年，编者出版了《工业机器人操作与编程技术（FANUC）》；2022 年，编者开始编写本书。本书着重介绍世界销量领先的 ABB 工业机器人示教编程方法，并介绍 ABB 工业机器人与市面上主流的外围设备的通信方法及系统集成技术。通过对本书的学习，学生不仅可以具备典型工业机器人的编程应用、网络与总线通信、系统集成等能力，还能为自身素质的全面提高、综合职业能力的提升打下基础。

本书内容的选取符合学生的认知规律，适合不同知识储备的学生学习。全书内容翔实、图文并茂，并配有数字媒体资源，便于教学与学生自学。

本书由无锡职业技术学院张爱红教授主编并统稿，科尼普科技（江苏）有限公司苗东方工程师、无锡职业技术学院蒋骁迪等参与了教学案例整理、书稿校对、插图编辑等工作。编者在编写本书的过程中参考的有关文献资料，主要包括 ABB 工业机器人技术手册等说明书，在此对参考文献中的各位作者深表谢意。本书同时融入了编者多年来对工业机器人和系统集成的研究与教学实践的心得体会。由于编者水平有限，书中难免有不足之处，恳请广大读者批评指正。

编　者
2023 年 9 月

目　录

1.1 工业机器人运动学基础

【学习目标】
- 理解工业机器人完成空间作业任务的本质是控制工业机器人手部在空间的位置与姿态。
- 掌握矩阵运算法能有效解决工业机器人手部在空间的位置、姿态的坐标变换问题。
- 熟悉工业机器人的常见坐标系。
- 培育求实精神。

知识学习&能力训练

1.1.1 物体在空间中的表示

1. 刚体位置和姿态（下文简称为"位姿"）的描述

工业机器人的一个连杆可以看成一个刚体。若给定了刚体上某一点的位置和刚体在空间的姿态，则这个刚体在空间上是完全确定的。

设有一个刚体 Q，如图 1-1 所示，O' 为刚体上任一点，$O'X'Y'Z'$ 为与刚体固连的一个坐标系，称为动坐标系。刚体 Q 在固定坐标系中的位置可用齐次坐标形式的一个（4×1）列阵表示为

$$p = \begin{bmatrix} x_0 \\ y_0 \\ z_0 \\ 1 \end{bmatrix} \tag{1-1}$$

刚体的姿态可由动坐标系的坐标轴方向来表示。令 n、o、a 分别为 X'、Y'、Z' 坐标轴的单位方向矢量。每个单位方向矢量在固定坐标系上的分量为动坐标系各坐标轴的方向余

弦（各个单位方向矢量与固定坐标系每个轴的夹角余弦），用齐次坐标形式的（4×1）列阵分别表示为

$$n=[n_x\ n_y\ vn_z\ 0]^T,\quad o=[o_x\ o_y\ o_z\ 0]^T,\quad a=[a_x\ a_y\ a_z\ 0]^T \tag{1-2}$$

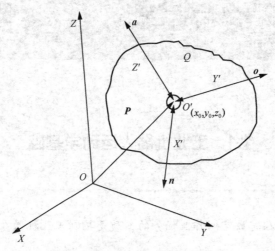

图 1-1　刚体的位姿

因此，在图 1-1 中刚体的位姿可用（4×4）矩阵描述为

$$T=[n\,o\,a\,p]=\begin{bmatrix} n_x & o_x & a_x & x_0 \\ n_y & o_y & a_y & y_0 \\ n_z & o_z & a_z & z_0 \\ 0 & 0 & 0 & 1 \end{bmatrix} \tag{1-3}$$

[例 1-1] 图 1-2 表示固连于刚体的动坐标系 $\{B\}$ 位于 O_B 点，$x_b=10$，$y_b=5$，$z_b=0$。Z_b 轴与地面垂直，动坐标系 $\{B\}$ 相对于固定坐标系 $\{A\}$ 有一个 30° 的偏转，试写出表示刚体位姿的动坐标系 $\{B\}$ 的（4×4）的矩阵表达式。

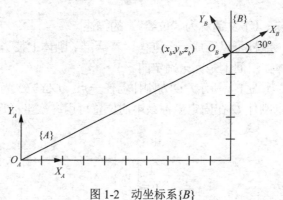

图 1-2　动坐标系 $\{B\}$

解　X_B 的方向列阵：$n=[\cos30°\ \ \cos60°\ \ \cos90°\ \ 0]^T=[0.866\ \ 0.5\ \ 0\ \ 0]^T$

Y_B 的方向列阵：$o=[\cos120°\ \ \cos30°\ \ \cos90°\ \ 0]^T=[-0.5\ \ 0.866\ \ 0\ \ 0]^T$

Z_B 的方向列阵：$a = \begin{bmatrix} 0 & 0 & 1 & 0 \end{bmatrix}^\mathrm{T}$

动坐标系{B}的（4×4）矩阵表达式为

$$T = \begin{bmatrix} 0.866 & -0.5 & 0 & 10 \\ 0.5 & 0.866 & 0 & 5 \\ 0 & 0 & 1 & 0 \\ 0 & 0 & 0 & 1 \end{bmatrix}$$

2．手部位姿的表示

工业机器人手部位姿也可以用固连于手部的动坐标系{B}的位姿来表示，如图 1-3 所示。动坐标系{B}可以这样确定：取手部的中心点为原点 O_B；关节轴为 Z_B 轴，Z_B 轴的单位方向矢量 a 称为接近矢量，指向朝外；二手指的连线为 Y_B 轴，Y_B 轴的单位方向矢量 o 称为姿态矢量，指向如图 1-3 所示；X_B 轴与 Y_B 轴及 Z_B 轴垂直，X_B 轴的单位方向矢量 n 称为法向矢量，3 个轴的指向符合右手法则。

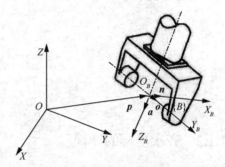

图 1-3 手部位姿的表示

手部的位姿可用（4×4）矩阵表示为

$$[n\,o\,a\,p] = \begin{bmatrix} n_x & o_x & a_x & p_x \\ n_y & o_y & a_y & p_y \\ n_z & o_z & a_z & p_z \\ 0 & 0 & 0 & 1 \end{bmatrix} \tag{1-4}$$

[例 1-2] 图 1-4 表示手部抓握物体 Q，物体为边长是 2 个单位的正方体。物体 Q 的形心与手部坐标系 $O'X'Y'Z'$ 的坐标原点 O' 相重合，要求写出表达该手部位姿的矩阵表达式。

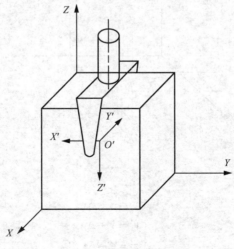

图 1-4 手部抓握物体 Q

解 由于物体 Q 的形心与手部坐标系 $O'X'Y'Z'$ 的坐标原点 O' 相重合，所以手部位置（4×1）列阵为

$$\boldsymbol{p}=\begin{bmatrix}1 & 1 & 1 & 1\end{bmatrix}^{\mathrm{T}}$$

手部坐标系 X' 轴的方向矢量为 $\boldsymbol{n}=\begin{bmatrix}\cos90° & \cos180° & \cos90° & 0\end{bmatrix}^{\mathrm{T}}=\begin{bmatrix}0 & -1 & 0 & 0\end{bmatrix}^{\mathrm{T}}$，同理，$Y'$ 轴的方向矢量为 $\boldsymbol{o}=\begin{bmatrix}-1 & 0 & 0 & 0\end{bmatrix}^{\mathrm{T}}$，$Z'$ 轴的方向矢量为 $\boldsymbol{a}=\begin{bmatrix}0 & 0 & -1 & 0\end{bmatrix}^{\mathrm{T}}$。

综合得到表示手部位姿的矩阵为

$$\boldsymbol{T}=\begin{bmatrix}\boldsymbol{n}\,\boldsymbol{o}\,\boldsymbol{a}\,\boldsymbol{p}\end{bmatrix}=\begin{bmatrix}0 & -1 & 0 & 1\\ -1 & 0 & 0 & 1\\ 0 & 0 & -1 & 1\\ 0 & 0 & 0 & 1\end{bmatrix}$$

1.1.2 齐次坐标的变换

1. 坐标的平移变换

如图 1-5 所示，空间某一点 A，坐标为 (x, y, z)，当它平移至 A' 点后，坐标为 (x', y', z')。

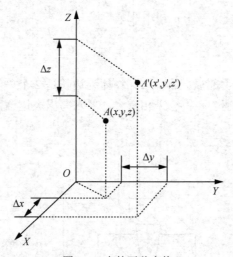

图 1-5 点的平移变换

两点之间的关系式为

$$\begin{cases}x' = x + \Delta x\\ y' = y + \Delta y\\ z' = z + \Delta z\end{cases} \quad (1\text{-}5)$$

也可以写成矩阵式，为

$$\begin{bmatrix} x' \\ y' \\ z' \\ 1 \end{bmatrix} = \begin{bmatrix} 1 & 0 & 0 & \Delta x \\ 0 & 1 & 0 & \Delta y \\ 0 & 0 & 1 & \Delta z \\ 0 & 0 & 0 & 1 \end{bmatrix} \begin{bmatrix} x \\ y \\ z \\ 1 \end{bmatrix} \tag{1-6}$$

$$\textbf{\textit{Trans}}(\Delta x, \Delta y, \Delta z) = \begin{bmatrix} 1 & 0 & 0 & \Delta x \\ 0 & 1 & 0 & \Delta y \\ 0 & 0 & 1 & \Delta z \\ 0 & 0 & 0 & 1 \end{bmatrix} \tag{1-7}$$

$\textbf{\textit{Trans}}(\Delta x, \Delta y, \Delta z)$表示齐次坐标变换的平移算子，若算子左乘，表示坐标变换是相对固定坐标系进行的；如果相对动坐标系进行坐标变换，则算子应该右乘。

[例 1-3]　有下面两种情况，如图 1-6 所示，动坐标系$\{A\}$相对于固定坐标系的X_0、Y_0、Z_0轴作$(-1,2,2)$平移后到$\{A'\}$；动坐标系$\{A\}$相对于自身坐标系的X、Y、Z轴分别作$(-1,2,2)$平移后到$\{A''\}$。已知：

$$A = \begin{bmatrix} 0 & -1 & 0 & 1 \\ -1 & 0 & 0 & 1 \\ 0 & 0 & -1 & 1 \\ 0 & 0 & 0 & 1 \end{bmatrix}$$

要求写出坐标系$\{A'\}$、$\{A''\}$的矩阵表达式。

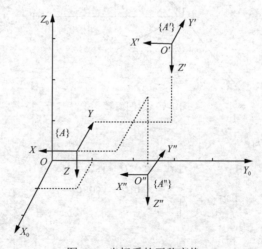

图 1-6　坐标系的平移变换

解　动坐标系$\{A\}$的两个平移坐标变换算子相同，均为

$$\textbf{\textit{Trans}}(\Delta x, \Delta y, \Delta z) = \begin{bmatrix} 1 & 0 & 0 & -1 \\ 0 & 1 & 0 & 2 \\ 0 & 0 & 1 & 2 \\ 0 & 0 & 0 & 1 \end{bmatrix}$$

坐标系$\{A'\}$是动坐标系$\{A\}$相对于固定坐标系平移变换得到，因此算子左乘，具体如下。

$$A' = \begin{bmatrix} 1 & 0 & 0 & -1 \\ 0 & 1 & 0 & 2 \\ 0 & 0 & 1 & 2 \\ 0 & 0 & 0 & 1 \end{bmatrix} \begin{bmatrix} 0 & -1 & 0 & 1 \\ -1 & 0 & 0 & 1 \\ 0 & 0 & -1 & 1 \\ 0 & 0 & 0 & 1 \end{bmatrix} = \begin{bmatrix} 0 & -1 & 0 & 0 \\ -1 & 0 & 0 & 3 \\ 0 & 0 & -1 & 3 \\ 0 & 0 & 0 & 1 \end{bmatrix}$$

$\{A''\}$坐标系是动坐标系$\{A\}$沿自身坐标系平移变换得到,因此算子右乘,具体如下。

$$A' = \begin{bmatrix} 0 & -1 & 0 & 1 \\ -1 & 0 & 0 & 1 \\ 0 & 0 & -1 & 1 \\ 0 & 0 & 0 & 1 \end{bmatrix} \begin{bmatrix} 1 & 0 & 0 & -1 \\ 0 & 1 & 0 & 2 \\ 0 & 0 & 1 & 2 \\ 0 & 0 & 0 & 1 \end{bmatrix} = \begin{bmatrix} 0 & -1 & 0 & -1 \\ -1 & 0 & 0 & 2 \\ 0 & 0 & -1 & -1 \\ 0 & 0 & 0 & 1 \end{bmatrix}$$

2. 坐标的旋转变换

如图 1-7 所示,空间某一点 A,坐标为(x, y, z),当它围绕 Z 轴旋转 θ 角后至 A' 点,坐标为(x', y', z')。

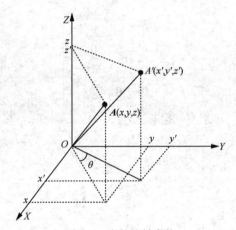

图 1-7　点的旋转变换

两点之间的关系式为

$$\begin{cases} x' = x\cos\theta - y\sin\theta \\ y' = x\sin\theta + y\cos\theta \\ z' = z \end{cases} \tag{1-8}$$

也可以写成矩阵式

$$\begin{bmatrix} x' \\ y' \\ z' \\ 1 \end{bmatrix} = \begin{bmatrix} \cos\theta & -\sin\theta & 0 & 0 \\ \sin\theta & \cos\theta & 0 & 0 \\ 0 & 0 & 1 & 0 \\ 0 & 0 & 1 & 0 \end{bmatrix} \begin{bmatrix} x \\ y \\ z \\ 1 \end{bmatrix} \tag{1-9}$$

将上式简写成 $a' = Rot(z, \theta)a$,式中 $Rot(z, \theta)$ 表示在齐次坐标变换时围绕 Z 轴的旋转算子。算子左乘表示相对于固定坐标系进行变换;算子右乘表示相对于动坐标系进行变换。

可得到围绕 X 轴旋转 θ 角的矩阵表达式

$$
\begin{bmatrix} x' \\ y' \\ z' \\ 1 \end{bmatrix} = \begin{bmatrix} 1 & 0 & 0 & 0 \\ 0 & \cos\theta & -\sin\theta & 0 \\ 0 & \sin\theta & \cos\theta & 0 \\ 0 & 0 & 0 & 1 \end{bmatrix} \begin{bmatrix} x \\ y \\ z \\ 1 \end{bmatrix} \tag{1-10}
$$

同样可得到围绕 Y 轴旋转 θ 角的矩阵表达式

$$
\begin{bmatrix} x' \\ y' \\ z' \\ 1 \end{bmatrix} = \begin{bmatrix} \cos\theta & 0 & \sin\theta & 0 \\ 0 & 1 & 0 & 0 \\ -\sin\theta & 0 & \cos\theta & 0 \\ 0 & 0 & 0 & 1 \end{bmatrix} \begin{bmatrix} x \\ y \\ z \\ 1 \end{bmatrix} \tag{1-11}
$$

[例 1-4]　已知坐标系中点 U 的位置矢量为 $\boldsymbol{U} = \begin{bmatrix} 7 & 3 & 2 & 1 \end{bmatrix}^{\mathrm{T}}$，将此点围绕 Z 轴旋转 $90°$，再围绕 Y 轴旋转 $90°$，求旋转后所得的点 W 的位置矢量。

解　根据算子左乘表示相对于固定坐标系进行变换的原则，得到

$$
\boldsymbol{W} = \boldsymbol{Rot}(Y,\ 90°)\boldsymbol{Rot}(Z,\ 90°)\boldsymbol{U} = \begin{bmatrix} 0 & 0 & 1 & 0 \\ 0 & 1 & 0 & 0 \\ -1 & 0 & 0 & 0 \\ 0 & 0 & 0 & 1 \end{bmatrix} \begin{bmatrix} 0 & -1 & 0 & 0 \\ 1 & 0 & 0 & 0 \\ 0 & 0 & 1 & 0 \\ 0 & 0 & 0 & 1 \end{bmatrix} \begin{bmatrix} 7 \\ 3 \\ 2 \\ 1 \end{bmatrix} = \begin{bmatrix} 0 & 0 & 1 & 0 \\ 1 & 0 & 0 & 0 \\ 0 & 1 & 0 & 0 \\ 0 & 0 & 0 & 1 \end{bmatrix} \begin{bmatrix} 7 \\ 3 \\ 2 \\ 1 \end{bmatrix} = \begin{bmatrix} 2 \\ 7 \\ 3 \\ 1 \end{bmatrix}
$$

[例 1-5]　图 1-8 所示单臂操作手的手腕具有一个自由度。已知手部起始位姿矩阵为

$$
\boldsymbol{G}_1 = \begin{bmatrix} 0 & 1 & 0 & 2 \\ 1 & 0 & 0 & 6 \\ 0 & 0 & -1 & 2 \\ 0 & 0 & 0 & 1 \end{bmatrix}
$$

若手臂围绕 Z_0 轴旋转 $90°$，则手部到达 $\boldsymbol{G}_2$；若手臂不动，仅手部围绕手腕 Z_1 轴旋转 $90°$，则手部到达 $\boldsymbol{G}_3$。写出手部坐标系 $\{G_2\}$ 及 $\{G_3\}$ 的矩阵表达式。

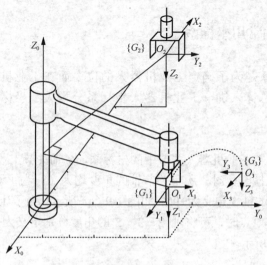

图 1-8　手臂的转动和手腕的转动

解 手臂围绕定轴转动是相对于固定坐标系作旋转变换的，故有

$$G_2 = Rot(Z_0, 90°)G_1 = \begin{bmatrix} 0 & -1 & 0 & 0 \\ 1 & 0 & 0 & 0 \\ 0 & 0 & 1 & 0 \\ 0 & 0 & 0 & 1 \end{bmatrix} \begin{bmatrix} 0 & 1 & 0 & 2 \\ 1 & 0 & 0 & 6 \\ 0 & 0 & -1 & 2 \\ 0 & 0 & 0 & 1 \end{bmatrix} = \begin{bmatrix} -1 & 0 & 0 & -6 \\ 0 & 1 & 0 & 2 \\ 0 & 0 & -1 & 2 \\ 0 & 0 & 0 & 1 \end{bmatrix}$$

手部围绕手腕轴旋转是相对于动坐标系作旋转变换，所以

$$G_3 = Rot(Z_1, 90°)G_1 = \begin{bmatrix} 0 & -1 & 0 & 0 \\ 1 & 0 & 0 & 0 \\ 0 & 0 & 1 & 0 \\ 0 & 0 & 0 & 1 \end{bmatrix} \begin{bmatrix} 0 & 1 & 0 & 2 \\ 1 & 0 & 0 & 6 \\ 0 & 0 & -1 & 2 \\ 0 & 0 & 0 & 1 \end{bmatrix} = \begin{bmatrix} 1 & 0 & 0 & 2 \\ 0 & -1 & 0 & 6 \\ 0 & 0 & -1 & 2 \\ 0 & 0 & 0 & 1 \end{bmatrix}$$

3．坐标复合变换

坐标平移变换和坐标旋转变换可以组合在一个齐次坐标变换中，被称为坐标复合变换。

如例 1-4 中的点 W 若还要沿固定坐标系的 X、Y、Z 轴作（4,–3,7）平移至点 E，则只要左乘上平移变换矩阵，即可得到点 E 的列阵。

$$E = Trans(4, -3, 7)Rot(Y, 90°)Rot(Z, 90°)U =$$

$$\begin{bmatrix} 1 & 0 & 0 & 4 \\ 0 & 1 & 0 & -3 \\ 0 & 0 & 1 & 7 \\ 0 & 0 & 0 & 1 \end{bmatrix} \begin{bmatrix} 0 & 0 & 1 & 0 \\ 1 & 0 & 0 & 0 \\ 0 & 1 & 0 & 0 \\ 0 & 0 & 0 & 1 \end{bmatrix} \begin{bmatrix} 7 \\ 3 \\ 2 \\ 1 \end{bmatrix} = \begin{bmatrix} 0 & 0 & 1 & 4 \\ 1 & 0 & 0 & -3 \\ 0 & 1 & 0 & 7 \\ 0 & 0 & 0 & 1 \end{bmatrix} \begin{bmatrix} 7 \\ 3 \\ 2 \\ 1 \end{bmatrix} = \begin{bmatrix} 6 \\ 4 \\ 10 \\ 1 \end{bmatrix}$$

式中，$\begin{bmatrix} 0 & 0 & 1 & 4 \\ 1 & 0 & 0 & -3 \\ 0 & 1 & 0 & 7 \\ 0 & 0 & 0 & 1 \end{bmatrix}$ 为平移加旋转的复合变换矩阵。

1.1.3 工业机器人的常用坐标系

工业机器人坐标系是为了确定工业机器人的位姿而在工业机器人或空间上进行定义的位置坐标系统。总体来讲，工业机器人坐标系分为关节坐标系和直角笛卡儿坐标系两大类。

1．关节坐标系

关节坐标系是设定在工业机器人关节中的坐标系，6 轴关节工业机器人分为 6 个关节轴，工业机器人处于机械零位时，所有关节轴的角度均为 0°。为了避开线性或圆弧运动时的奇点，可将工作原点的轴 5 定义为+90°，如图 1-9（a）所示；为了让工业机器人重心居中，在定义工业机器人工作原点时，可将轴 2、3、5 的角度分别定义为–20°、+20°、+90°，其余轴为 0°，如图 1-9（b）所示。

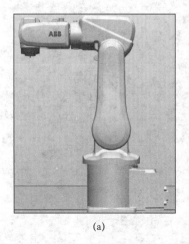 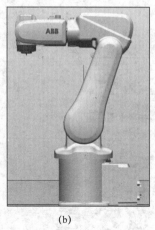

(a)   (b)

图1-9 工业机器人工作原点

2. 直角笛卡儿坐标系

工业机器人直角笛卡儿坐标系可分为基坐标系、大地坐标系、工具坐标系与工件坐标系等。上述坐标系的共同点是由正交的右手定则来确定，在已知两个坐标方向时，剩余的坐标方向是唯一的，如图1-10所示。围绕平行于 X、Y 和 Z 轴转动时的定义分别为 w、p、r（或 Ex、Ey、Ez），其正方向分别以 X、Y、Z 的正方向且以右手螺旋前进的方向为正，如图1-11所示。

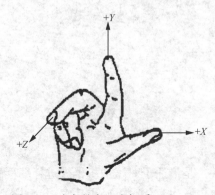 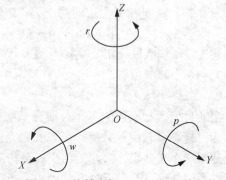

图1-10 直角笛卡儿坐标系（X、Y、Z）   图1-11 旋转坐标（w、p、r）的定义

（1）基坐标系

在一般情况下，工业机器人基坐标系的 Z 轴与工业机器人轴1重合，原点位于第1关节轴线与工业机器人基础安装平面的交点，并以基础安装平面为 XY 平面。工业机器人处于零位时，X 轴平行于轴4，如图1-12所示。

（2）大地坐标系

大地坐标系又称世界坐标系，是被固定在空间上的标准直角笛卡儿坐标系。当在工作空间内同时有几台工业机器人时，使用公共的大地坐标系进行编程有利于工业机器人程序间的交互。用户坐标系基于大地坐标系或基坐标系设定。在默认情况下，大地坐标系与基坐标系是一致的，如图1-13所示。

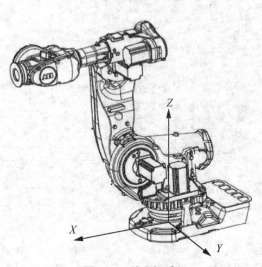

图 1-12　基坐标系

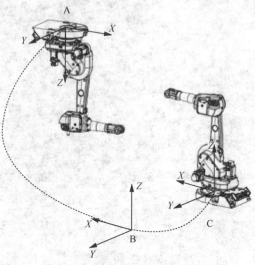

A—工业机器人 1 的基坐标系；B—大地坐标系；
C—工业机器人 2 的基坐标系

图 1-13　大地坐标系

（3）工具坐标系

工业机器人在手腕处有一个默认的工具坐标系，又称为机械接口坐标系，其原点（工具中心点）位于轴 6 法兰盘端面的中心，Z 轴垂直法兰盘端面向外，如图 1-14 所示。工具标定，就是将工业机器人默认工具坐标系偏置（平移、旋转）到一个新的位置。

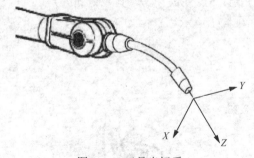

图 1-14　工具坐标系

（4）工件坐标系

工业机器人和不同的工作台或夹具配合作业，为了提高示教编程效率，可以在每个工作台上建立一个工件坐标系。工件坐标系与工件相关，是最适于对工业机器人进行编程的坐标系，由工件原点与坐标轴方位构成。当用户工作台发生变化时不必重新编程，只需变换到当前工件坐标系下。工件坐标系一般是在大地坐标系或者基坐标系下建立的。

ABB 工业机器人工件坐标系由用户框架和目标框架组成，如图 1-15 所示，目标框架是用户框架的子框架。用户框架定义的是相对于基坐标系的变换量（平移、旋转），而目标框架则是相对于用户框架的变换量（平移、旋转）。默认的工件坐标系用户框架和目标框架未定义，均与工业机器人的基坐标系重合。

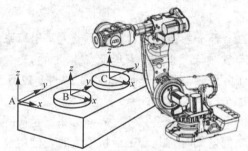

A—用户框架；B—目标框架 1；C—目标框架 2

图 1-15　工件坐标系

1.2 ABB 工业机器人的分类、组成与技术参数

【学习目标】
- 熟悉 ABB 工业机器人的不同分类与系统组成。
- 掌握 ABB 工业机器人的主要技术参数。
- 培养爱国精神，树立科技自立自强信念。

知识学习&能力训练

1.2.1 ABB 工业机器人的种类

IRB 标准系列工业机器人是瑞典工业机器人生产商 ABB 公司的产品。ABB 工业机器人被广泛应用在汽车、塑料、金属加工、铸造、电子、机加工、医药、食品饮料等行业中。

1. 按照工业机器人大小分类

按照大小，ABB 工业机器人可分为大型、中型、小型 3 类。大型工业机器人可用于注塑机、压铸机、汽车发动机的上下料，从事电气电子产品壳盖类零部件的生产，也可用于平板显示器的搬运等。中型工业机器人可实现高品质的研磨抛光和去毛刺、飞边，是零部件精加工的理想之选。小型工业机器人是装配、小工件搬运、检验、测试等环节不可或缺的理想工具。

2. 按照工业机器人机械结构分类

按照机械结构的不同，ABB 工业机器人主要有直角坐标工业机器人、水平多关节工业机器人、并联工业机器人和垂直多关节工业机器人，如表 1-1 所示。

表 1-1 ABB 工业机器人常见的机械结构

类型	工业机器人本体	特点与应用领域
直角坐标工业机器人		精度高，速度快，控制简单，易于模块化，但动作灵活性较差。 主要用于搬运、上下料、码垛等
水平多关节工业机器人		精度高，动作范围较大，坐标计算简单，结构轻便，响应速度快，但负载较小。 主要用于电子组成、分拣等

类型	工业机器人本体	特点与应用领域
并联工业机器人		精度较高，手臂轻盈，速度快，结构紧凑，但工作空间较小，控制复杂，负载较小。 主要用于分拣、装箱等
垂直多关节工业机器人		自由度多，精度高，速度快，动作范围大，灵活性强，被广泛应用于各个行业，是当前工业机器人的主流结构；但是价格高，前期投资成本高

3. 按照工业机器人功能分类

ABB 工业机器人可具备搬运、包装、码垛、喷涂、切割、焊接、装配等功能。一个工业机器人可同时具备多种功能，如表 1-2 所示。

表 1-2　ABB 工业机器人按功能分类

型号	工业机器人本体	主要应用
IRB 120/120T		装配、搬运、包装、涂胶等
IRB 360-1/1130		装配、搬运、包装等
IRB 1520ID		焊接、码垛、搬运等

续表

型号	工业机器人本体	主要应用
IRB 2600-12/1.65	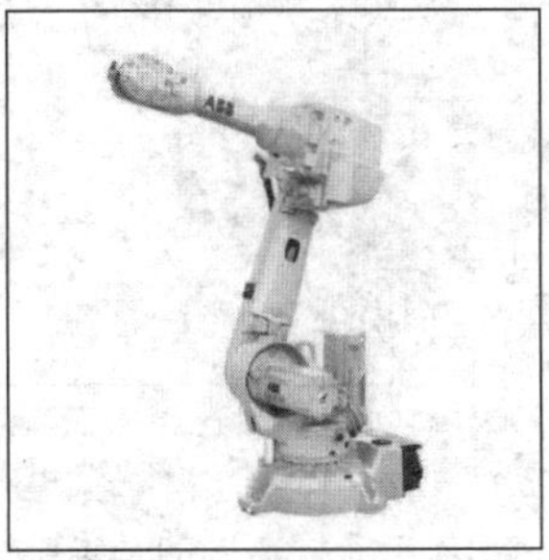	焊接、装配、切割、搬运、包装等
IRB 52	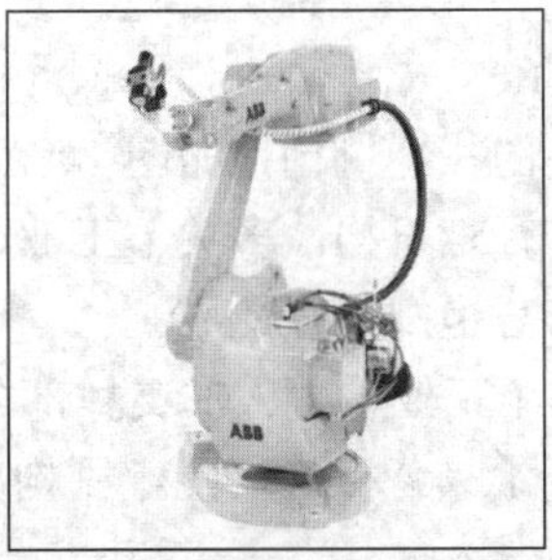	喷涂
IRB 6700-150/3.20	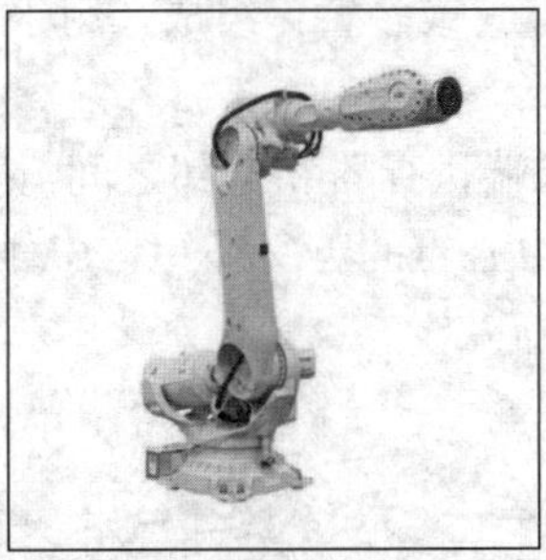	装配、切割、搬运、焊接等
IRB 460-110/2.4	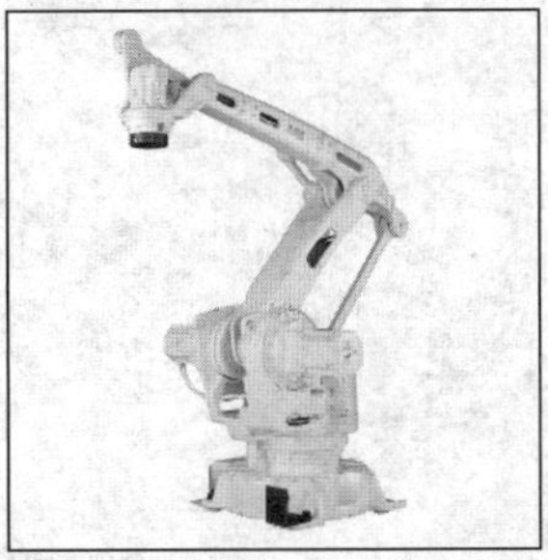	码垛、搬运等

1.2.2　ABB 工业机器人的基本组成

　　ABB 工业机器人主要由工业机器人本体、控制柜、示教器和连接电缆等组成，其中连接电缆主要有电源电缆、示教器电缆、控制电缆和编码器电缆等，如图 1-16 所示。

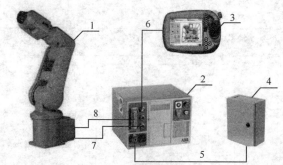

1—工业机器人本体；2—控制柜；3—示教器；
4—配电箱；5—电源电缆；6—示教器电缆；7—编码器电缆；8—控制电缆

图 1-16 ABB 工业机器人的基本组成

1. 工业机器人本体

本体是工业机器人完成作业任务的执行机构，如图 1-17 所示，包括机身、臂部、腕部等，有的工业机器人还有外部轴，如行走机构。多关节工业机器人一般有 6 个关节轴，每个关节轴均由伺服电机、轴端编码器与抱闸装置组成。

① 机身：机身又称为机座，是整个工业机器人的支撑部分，具有一定的刚度和稳定性。机座有固定式和移动式两类，若机座不具备行走功能，则构成固定式工业机器人；若机座具备移动机构，则构成移动式工业机器人。

② 臂部：手臂一般由大臂、小臂（或多臂）组成，用于支撑腕部和手部，实现较大的运动范围。

③ 腕部：腕部位于工业机器人末端执行器和臂部之间，主要帮助手部呈现期望的姿态，扩大臂部的运动范围。WCP 是腕部中心点的英文缩写，6 轴关节工业机器人的 WCP 位于轴 4、5、6 的交点，是腕部回转的中心。

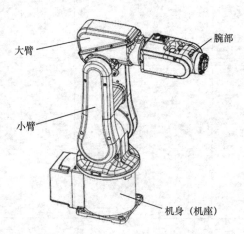

图 1-17 ABB 工业机器人本体

2. 控制柜

控制柜为工业机器人的核心零部件之一，对工业机器人的控制性能起着决定性的作用。工业机器人控制主要包括控制工业机器人在工作空间中的运动位置、姿态和轨迹，操作顺序、动作时间和系统集成等。根据应用的不同，ABB 工业机器人控制柜有标准单柜[如图 1-18（a）所示]、组合柜[如图 1-18（b）所示]、喷涂控制柜[如图 1-18（c）所示]、紧凑型控制柜[如图 1-18（d）所示]等。

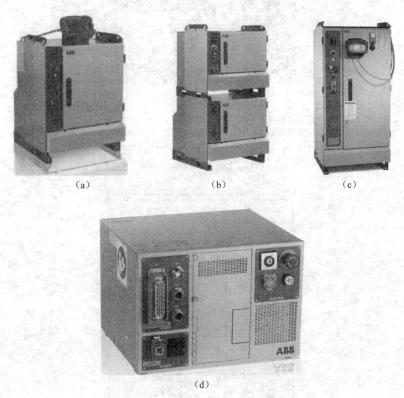

（a）　　　　　　　（b）　　　　　　　（c）

（d）

图 1-18　ABB 工业机器人控制柜

工业机器人本体为 IRB 120 与 1200，所配置的控制柜为紧凑型控制柜（IRC5 Compact）。IRC5 Compact 控制柜包括电源开关、模式切换旋钮、急停按钮、松抱闸按钮、伺服上电按钮等，如图 1-19 所示。SMB 是串口测量板的英文缩写，其功能是将伺服电机轴端 Resolver 型绝对值编码器传送的模拟量转换为数字信号，再传送给控制柜，构成闭环伺服控制。

前盖板打开后，可清楚地看到工业机器人计算机控制单元上的接口，如图 1-20 所示。服务端口（X2）是供维修工程师、程序员等直接使用 PC（个人计算机）连接到工业机器人控制器调试用的接口，采用固定 IP 地址（192.168.125.1），而与之相连的 PC 则由 DHCP（动态主机配置协议）服务器自动分配 IP 地址。LAN（局域网）1 端口（X3）是连接示教器的专用接口；LAN2 端口（X4）、LAN3 端口（X5）可用于将现场总线、摄像头、焊接设备等连接到控制器。其中 LAN2 端口只能配置为 IRC5 控制器的专属网络，LAN3 端口默认配置为隔离网络，如图 1-21（a）所示；LAN2 和 LAN3 端口也可配置为私有网络的一部分，如图 1-21（b）所示；WAN（广域网）端口（X6）则是连接到控制器的公网接口。USB 端口适用于连接 USB 存储设备，一般使用 X10 连接器上的 USB 端口。

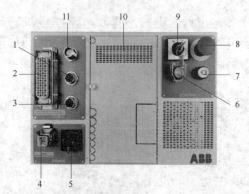

1—附加轴 SMB 连接；2—伺服电机供电连接；3—工业机器人 SMB 连接；4—主电路连接；5—电源开关；
6—松抱闸按钮（仅用于 IRB 120 机型）；7—伺服上电按钮（自动模式下）；8—急停按钮；
9—模式切换旋钮；10—前盖板；11—示教器电缆连接接口

图 1-19　IRC5 Compact 控制柜

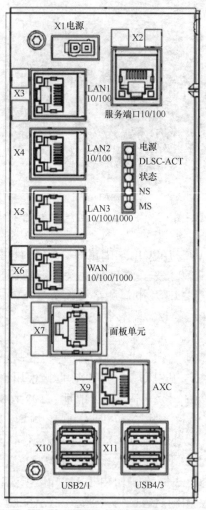

X1—电源接口；X2—PC 服务端口；X3—LAN1 端口，连接示教器；X4—LAN2 端口；X5—LAN3 端口；
X6—WAN 端口，连接工厂网络；X7—面板单元；X9—轴控制；X10、X11—USB 接口

图 1-20　计算机控制单元上的接口

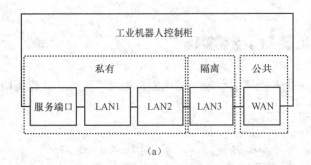

(a)

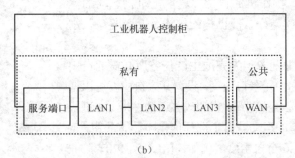

(b)

图1-21　工业机器人计算机控制单元上的接口配置

3. 示教器

示教器是人与工业机器人交互的平台，用于执行与操作工业机器人系统有关的许多任务，包括编写程序、运行程序、修改程序、手动操作、参数配置、监控工业机器人状态等。示教器上有使能按键、触摸屏、触摸笔、急停按钮、操纵杆和一些功能按钮，如图1-22所示。

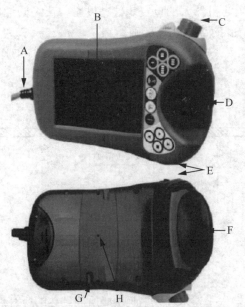

A—与工业机器人控制柜连接；B—触摸屏；C—急停按钮；D—操纵杆；E—USB接口；
F—使能按键；G—触摸笔；H—恢复出厂设置按钮

图1-22　示教器

1.2.3 ABB 工业机器人的技术参数

ABB 工业机器人的主要技术参数一般包括自由度、精度、工作范围、最大工作速度和承载能力等。

1. 自由度

自由度是指工业机器人所具有的独立坐标轴运动的数目，如图 1-23 所示。操作机的自由度越多，机构运动的灵活性就越大，通用性就越好，但机构的结构就会越复杂，刚性就会越差。

工业机器人的自由度多于为完成生产任务所必需的自由度，多余的自由度被称为冗余自由度。设置冗余自由度可以增加工业机器人的灵活性、躲避障碍物和改善运动性能。在进行运动学逆解时，各关节的运动就有了选择优化路径的条件。工业机器人一般多为 4～6 个自由度。例如，IRB 120/120T 工业机器人具有 6 个自由度，可以进行复杂的空间曲线运动作业。

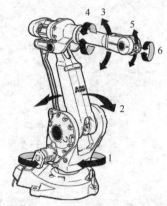

图 1-23 工业机器人的自由度

2. 精度

一般所说的工业机器人精度是指其定位精度与重复定位精度。

定位精度是指工业机器人手部实际到达位置和目标位置之间的差异。重复定位精度是关于精度的统计。任何一台工业机器人即使在同一环境、同一条件、同一动作、同一命令之下，每一次动作的位置也不可能完全一致。如图 1-24 所示，重复定位精度是指各次不同位置平均值的偏差。若重复定位精度为±0.2mm，则指所有的动作位置停止点均在中心的左右 0.2mm 以内。在测试工业机器人的重复定位精度时，在不同速度、不同方位下，反复试验次数越多，重复定位精度的评测就越准确。

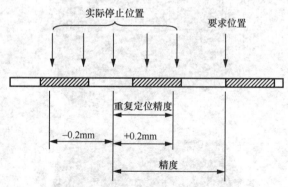

图 1-24 定位精度与重复定位精度

3. 工作范围

工作范围是指工业机器人手臂末端或手腕中心所能到达的所有点的集合，也叫工作区域。由于末端执行器的形状和尺寸是多种多样的，为真实反映工业机器人的特征参数，一般工作范围是指不安装末端执行器时的工作区域。图 1-25 所示为 IRB 1200 工业机器人的工作范围。

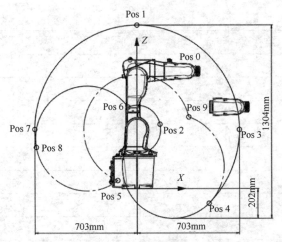

图 1-25　IRB 1200 工业机器人的工作范围

4．最大工作速度

不同厂家对最大工作速度规定的内容不同，有的厂家将其定义为工业机器人主要自由度上最大的稳定速度，有的厂家将其定义为手臂末端最大的合成速度，一般在技术参数中会加以说明。显而易见，工业机器人工作速度越快，工作效率也就越高。但是工作速度越快就会花费更多的时间去升速或降速，也就是说对工业机器人最大加速度变化率及最大减速度变化率的要求就会越高。

5．承载能力

承载能力是指工业机器人在工作范围内的任何位姿上所能承受的最大质量。承载能力不仅取决于负载的质量，也与工业机器人的运行速度和加速度的大小、方向有关。为安全起见，承载能力技术指标是指工业机器人在高速运行时的承载能力。通常承载能力不仅指负载质量，也包括工业机器人末端执行器的质量。

IRB 120 工业机器人的主要技术参数如表 1-3 所示。

表 1-3　IRB 120 工业机器人的主要技术参数

项目		参数
工业机器人配置		垂直多关节
自由度		6
承载能力		3kg
重复定位精度		0.01mm
工作范围	轴 1 旋转	$-165°\sim+165°$
	轴 2 手臂	$-110°\sim+110°$
	轴 3 手臂	$-110°\sim+70°$
	轴 4 手腕	$-160°\sim+160°$
	轴 5 弯曲	$-120°\sim+120°$
	轴 6 翻转	$-400°\sim+400°$

项目		参数
最大工作速度	轴1	250°/s
	轴2	250°/s
	轴3	250°/s
	轴4	320°/s
	轴5	320°/s
	轴6	420°/s
本体质量		25kg
环境参数	温度	5~45℃
	相对湿度	最高95%
	噪声水平	最高70dB（A）
	安全	安全停、紧急停； 2个通道安全回路监测； 3位启动装置
	功耗	0.25kW

1.3 ABB 工业机器人的基本操作

【学习目标】
- 掌握 ABB 示教器的基本操作方法。
- 具备工业机器人数据备份与恢复的能力。
- 培育执着专注、精益求精、一丝不苟、追求卓越的工匠精神。

知识学习&能力训练

1.3.1 ABB 工业机器人示教器的基本操作

1. 示教器的手动操作方式

一般采用左手握示教器，左手除拇指外的其余 4 指按在使能按钮上，如图 1-26 所示，右手进行屏幕和按钮的操作。使能按钮分为两挡，在手动状态下按下第一挡时，工业机器人将处于电机开启状态，此时信号灯亮，工作人员可对工业机器人进行手动操纵和程序调试。如果用力按下使能开关（第二挡），工业机器人将处于防护装置停止状态，此时信号灯灭，即使移动操纵杆工业机器人轴也不会运动。

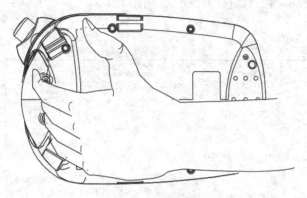

图 1-26　示教器的拿法

2．示教器上的硬件按钮

示教器上有专用的硬件按钮，如图 1-27 所示，其功能说明如表 1-4 所示。

1—预设按键（共 4 个，可自定义功能）；2—选择机械单元；3—切换运动模式（重定向或线性）；
4—切换运动模式（"轴 1-3"或"轴 4-6"）；5—切换增量；6—步退按钮；7—停止按钮；8—步进按钮；9—启动按钮

图 1-27　示教器上的硬件按钮

表 1-4　示教器上的硬件按钮功能说明

序号	名称	功能说明
1	预设按键（可编程按键）	共 4 个，可由用户设置专用的特定功能，一般由 ABB 菜单的"控制面板"定义其功能
2	选择机械单元	此按钮用于循环选择机械装置
3	切换运动模式	可在"重定向""线性"两种模式间切换
4	切换运动模式	可在"轴 1-3""轴 4-6"关节模式间切换
5	切换增量	可在无增量和已经在微动控制窗口中选择的增量大小之间切换
6	步退按钮	按下此按钮，可使程序后退至上一条指令
7	停止按钮	按下此按钮，停止执行程序
8	步进按钮	按下此按钮，可使程序前进至下一条指令
9	启动按钮	按下此按钮，开始执行程序

3. 触摸屏界面

（1）示教器触摸屏初始界面（如图 1-28 所示）

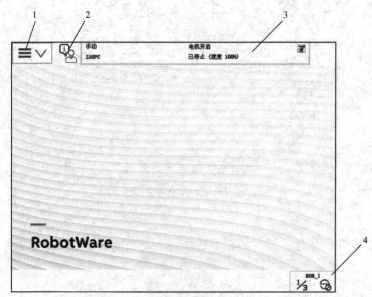

1—ABB 菜单；2—操作员窗口；3—状态栏；4—快速设置菜单

图 1-28　示教器触摸屏初始界面

（2）ABB 菜单界面

在示教器触摸屏初始界面点击"ABB 菜单"选项，进入 ABB 菜单界面，如图 1-29 所示。菜单功能说明如下。

① HotEdit 用于对编程位置（定义为 robtarget 数据类型的位置）进行调节，该功能可在所有操作模式下运行。

② 输入输出即 I/O，用于工业机器人系统与外围设备的信息交互。

③ 手动操纵用于更改手动模式下工业机器人动作参数及状态的设定与显示。

④ 自动生产窗口用于工业机器人自动运行时查看程序代码。

⑤ 程序编辑器用于创建或修改工业机器人 RAPID 程序。

⑥ 程序数据具有查看和使用数据类型、实例的功能。

⑦ 备份与恢复用于执行工业机器人系统、程序、参数等整体的备份与恢复，是工业机器人正常操作的重要保证，工业机器人系统出现错误或重装系统后可以通过备份快速地把工业机器人恢复到备份时的状态。

⑧ 校准用于调校工业机器人本体的机械零位。在出厂前，工业机器人绝对零位是采用在工业机器人本体对应位置安装撞针的轴校准方法设定的，包括粗校准、精校准等操作。当工业机器人本体未进行拆装或关节伺服电机未与本体分离过但更换过 SMB 电池时，一般只需要对工业机器人进行转数计数器更新操作。

⑨ 控制面板包含自定义工业机器人系统和示教器的功能，包括配置常用的 I/O 信号、设置当前语言、配置预设按键（可编程按键）、配置系统参数和校准触摸屏等。

⑩ 事件日志用于记录操作工业机器人系统的事件信息，方便后期的故障排除等。事件

日志不仅包含详细描述事件的消息，通常还包含解决问题的建议。

⑪ FlexPendant 资源管理器类似于 Windows 资源管理器，通过它用户可以查看控制器上的文件系统，也可以对文件和文件夹进行重命名、删除、移动等操作。

⑫ 系统信息可显示与控制器及其所加载的系统有关的信息，包括当前所使用的 RobotWare 系统版本、功能选项（Options），控制和驱动模块的当前密钥、网络连接等。

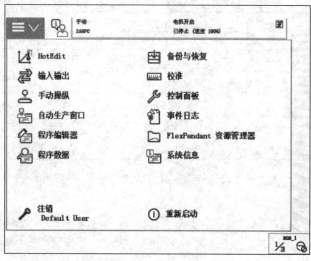

图 1-29 ABB 菜单界面

4. 工业机器人手动操纵

在 ABB 菜单界面点击"手动操纵"菜单，进入"手动操纵"界面，如图 1-30 所示。该界面共分为 4 个区域，分别为属性修改区、参数设定区、位置显示区与操纵杆方向区。其属性功能说明如表 1-5 所示。

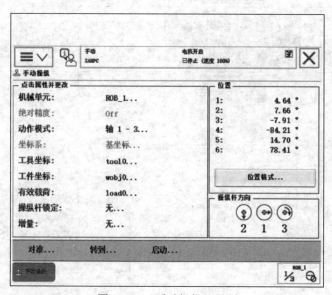

图 1-30 "手动操纵"界面

表1-5　手动操纵属性功能说明

序号	属性/按钮	功能说明
1	机械单元	选择手动操纵的机械装置，ROB_1、ROB_2 或外轴等
2	绝对精度	默认选择为"OFF"，除非工业机器人配备了"Absolute Accuracy"选项时才显示"ON"
3	动作模式	可从"轴1-3""轴4-6""线性""重定位"4 种模式中选择一种
4	坐标系	当动作模式为"线性或重定位"时，可从"大地坐标""基坐标""工具坐标""工件坐标"中选择一种
5	工具坐标	选择当前使用的工具坐标系，默认为tool0
6	工件坐标	选择当前使用的工件坐标系，默认为wobj0
7	有效载荷	选择当前有效载荷，默认为load0
8	操纵杆锁定	选择操纵杆水平、垂直或旋转方向的锁定，默认设置为无
9	增量	选择运动增量，小、中、大或由用户自定义；默认设置为无

手动操纵工业机器人运动有3种模式，分别为手动轴运动、手动线性运动和手动重定位运动。

（1）手动轴运动

IRB 120工业机器人有6个关节轴，可通过示教器操纵杆手动控制其运动，其操作步骤如表1-6所示。

表1-6　工业机器人手动轴运动的操作步骤

步骤	操作方法	操作提示
1		将工业机器人控制柜选择为"手动"模式
2		检查工业机器人控制柜、示教器上的急停按钮均处于释放状态
3		释放急停按钮后若出现紧急停止报警，需按下工业机器人控制柜上的伺服上电按钮，清除报警
4		在ABB菜单界面点击"手动操纵"菜单，进入"手动操纵"界面

续表

步骤	操作方法	操作提示
5	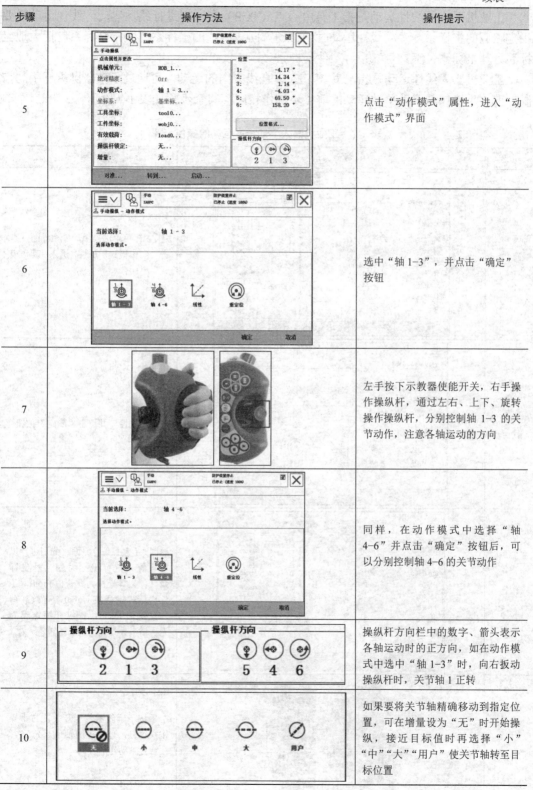	点击"动作模式"属性，进入"动作模式"界面
6		选中"轴1-3"，并点击"确定"按钮
7		左手按下示教器使能开关，右手操作操纵杆，通过左右、上下、旋转操作操纵杆，分别控制轴1-3的关节动作，注意各轴运动的方向
8		同样，在动作模式中选择"轴4-6"并点击"确定"按钮后，可以分别控制轴4-6的关节动作
9		操纵杆方向栏中的数字、箭头表示各轴运动时的正方向，如在动作模式中选中"轴1-3"时，向右扳动操纵杆时，关节轴1正转
10		如果要将关节轴精确移动到指定位置，可在增量设为"无"时开始操纵，接近目标值时再选择"小""中""大""用户"使关节轴转至目标位置

（2）手动线性运动

工业机器人的线性运动是指工具中心点（TCP）在空间进行线性运动，线性运动时要指定相应的坐标系，手动线性运动时的移动方向与所选的坐标系有关，坐标系包括大地坐标系、基坐标系、工具坐标系、工件坐标系。

工业机器人线性运动是指沿着 X、Y、Z 直线方向的运动，可通过示教器操纵杆手动控制，前 4 步操作与手动单轴运动的前 4 步操作相同，其余步骤如表 1-7 所示。

表 1-7 工业机器人手动线性运动的操作步骤

步骤	操作方法	操作提示
1	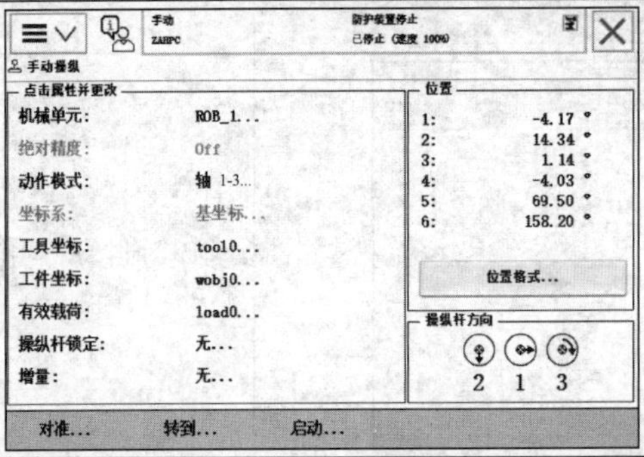	从 ABB 菜单进入手动操控界面，点击"动作模式"属性，进入"动作模式"界面
2	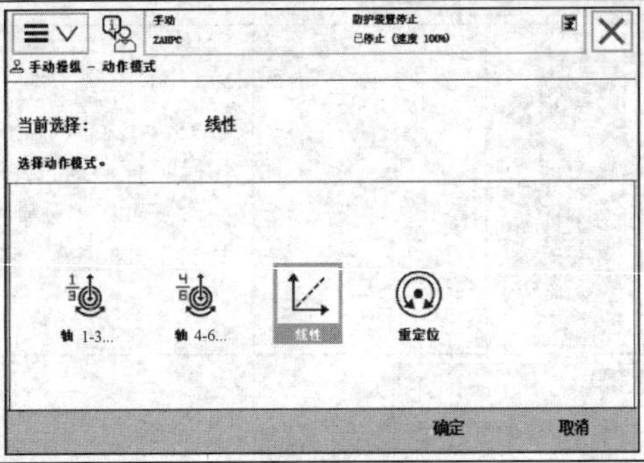	选中"线性"并点击"确定"按钮
3	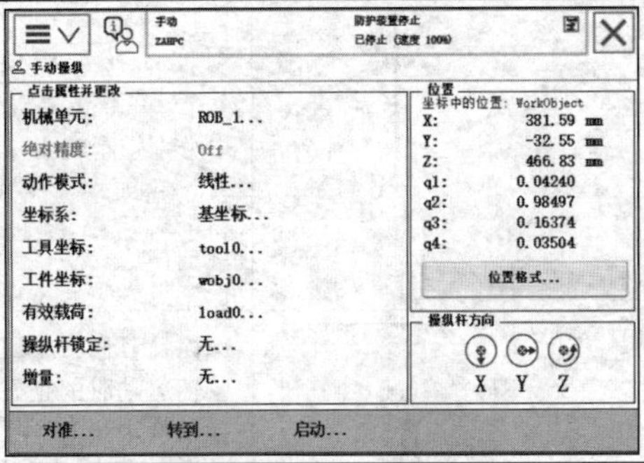	返回"手动操纵"界面，分别进行以下设置：选择坐标系为"基坐标系"，工具坐标为默认值 tool0，工件坐标为默认值 wobj0，有效载荷为默认值 load0，操纵杆锁定设为无，增量设为无
4	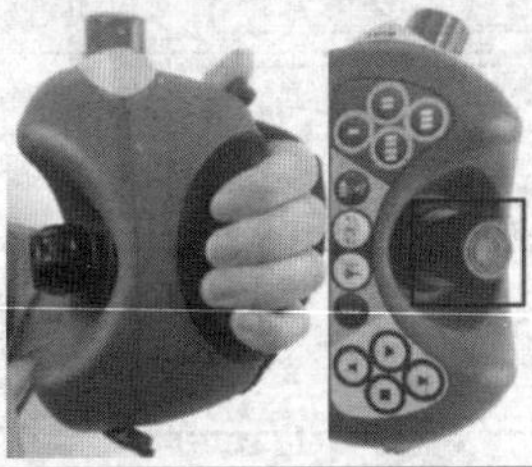	左手按下示教器使能开关，右手操作操纵杆，分别控制轴 X、Y、Z，注意各轴动作的方向

续表

步骤	操作方法	操作提示
5	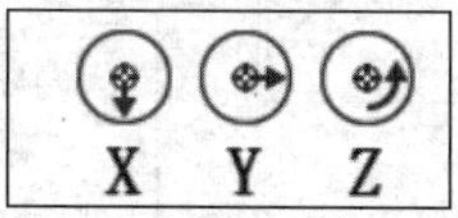	操纵杆方向栏中字母表示各轴运动时的正方向。例如，向下扳动操纵杆，TCP 将沿基坐标系+X 方向运动，顺时针转动操纵杆时，TCP 将沿平行于基坐标系-Z 方向运动等
6	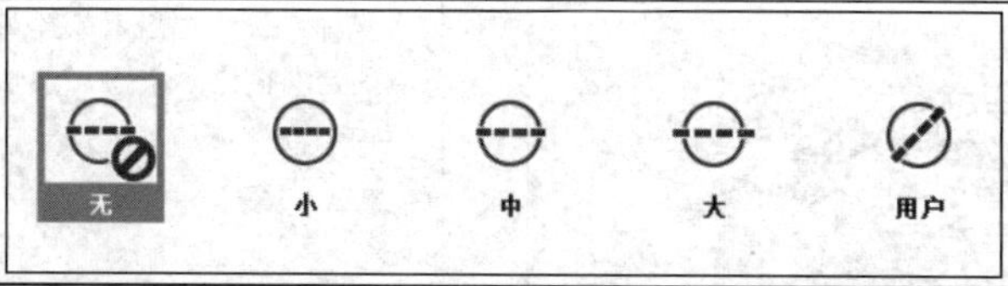	如果要精确移动 TCP 到指定位置，可在增量设为"无"时开始操纵，接近目标值时再选择"小""中""大""用户"使 TCP 移动至目标位置

（3）手动重定位运动

线性运动并不能改变工业机器人手部的姿态，为了调整工业机器人手部姿态，需要手动操纵工业机器人进行重定位运动。

所谓重定位运动是指工业机器人 TCP 在空间绕着所选坐标轴的旋转运动，也就是工业机器人绕着 TCP 做姿态调整的运动。手动重定位运动的前 4 步操作与手动单轴运动、手动线性运动的前 4 步操作相同，其余步骤如表 1-8 所示。

表 1-8　工业机器人手动重定位运动的操作步骤

步骤	操作方法	操作提示
1	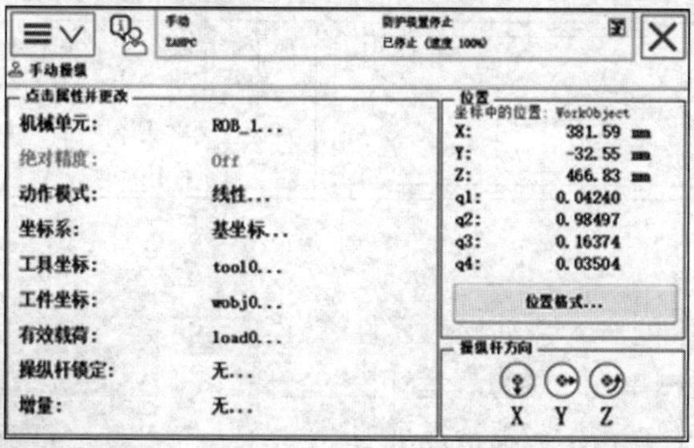	从 ABB 菜单进入"手动操纵"界面，点击"动作模式"属性，进入"动作模式"界面
2	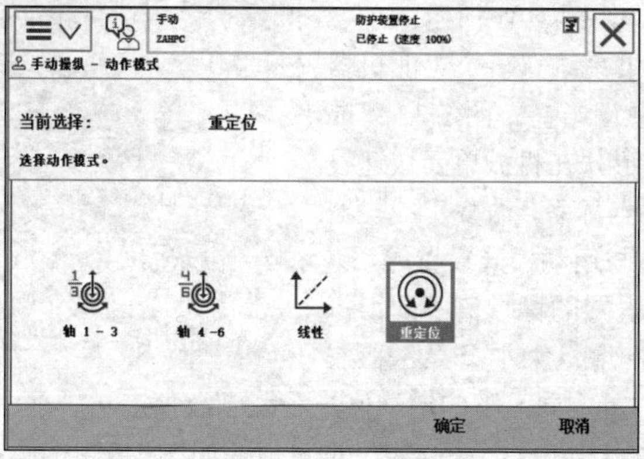	选中"重定位"并点击"确定"按钮

续表

步骤	操作方法	操作提示
3	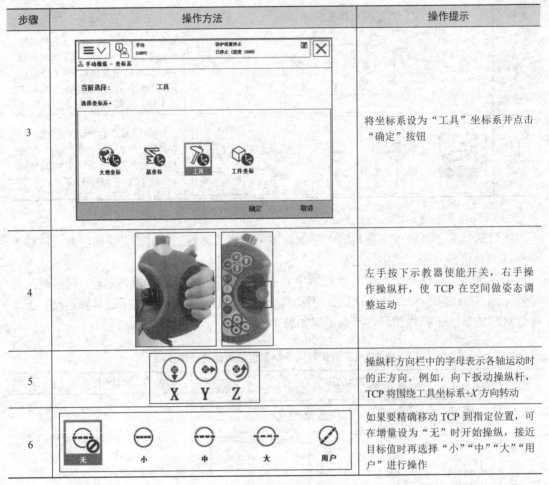	将坐标系设为"工具"坐标系并点击"确定"按钮
4		左手按下示教器使能开关,右手操作操纵杆,使 TCP 在空间做姿态调整运动
5		操纵杆方向栏中的字母表示各轴运动时的正方向。例如,向下扳动操纵杆,TCP 将围绕工具坐标系+X 方向转动
6		如果要精确移动 TCP 到指定位置,可在增量设为"无"时开始操纵,接近目标值时再选择"小""中""大""用户"进行操作

（4）快速设置菜单界面

快速设置菜单提供了设置工业机器人手动操纵属性之间的快速切换方法,包括选择机械单元、增量、运行模式、步进模式、速度倍率和任务等,点击示教器液晶屏右下角的 ,出现快速设置菜单,如图 1-31 所示。

① 机械单元的快速设置：如果系统有多个工业机器人或外轴,需要在使用操纵杆前进行选择。图 1-32 仅显示了一个工业机器人 ROB_1 的情形。在机械单元快速设置界面可以选择工具坐标系、工件坐标系,改变工业机器人手动操纵时的倍率并进行坐标系与运动模式设置等。

② 增量的快速设置：选择或设置的增量值不同,每次扳动操纵杆时的移动量也不同,增量大小会显示在左侧,即 3 种运动模式（轴、线性、重定向）下的增量值,系统已经预定义"小、中、大"增量值。用户可根据实际需要在"用户模块"下自定义增量值,如图 1-33 所示。

1—机械单元；2—增量；3—运行模式；
4—步进模式；5—速度倍率；6—任务
图 1-31　快速设置菜单

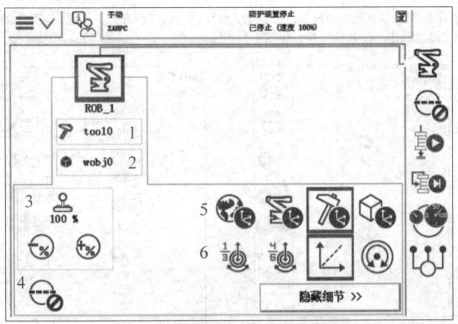

1—选择工具坐标；2—选择工件坐标；3—手动操纵倍率；4—增量开关；5—设置坐标系；6—设置运动模式

图 1-32　机械单元的快速设置界面

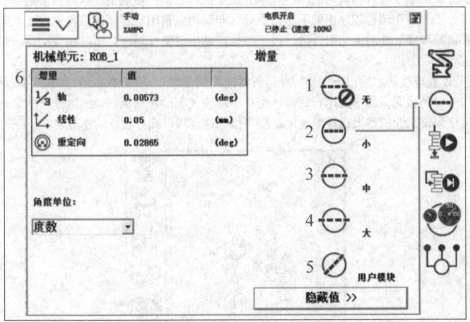

1—没有增量；2—小增量；3—中增量；4—大增量；5—用户模块自定义增量值；
6—3 种运动模式（轴、线性、重定向）下的增量值

图 1-33　增量的快速设置界面

③ 运行模式分为单周与连续两种，如图 1-34 所示，默认设置为"连续"。在自动模式下、连续运行时，程序启动后工业机器人将连续运行，因此在程序调试时需将运行模式设为"单周"，在投入生产后再改为"连续"。

④ 步进模式也就是单步模式，可以定义逐步执行程序的方式。步进模式分为步进入、步进出、跳过与下一步行动 4 种，如图 1-35 所示。

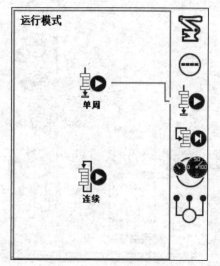

图 1-34　设置运行模式

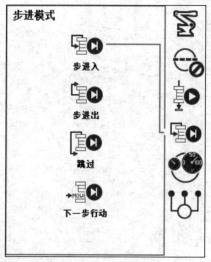

图 1-35　设置步进模式

步进入：单步进入已调用的例行程序并逐步执行它们；步进出：执行当前例行程序的其余部分，然后在例行程序中的下一指令处（即调用当前例行程序的位置）停止，该模式无法在例行程序 main() 中使用；跳过：一步执行调用的例行程序；下一步行动：步进到下一条运动指令。

⑤ 设置速度倍率适用于调整程序运行时速度的倍率（以百分数表示，如图 1-36 所示），既适用于自动模式下程序的运行，也适用于手动模式下的程序调试。此处速度实际上是程序速度倍率，工业机器人运行的速度是程序指令速度乘以此处设置的速度倍率。

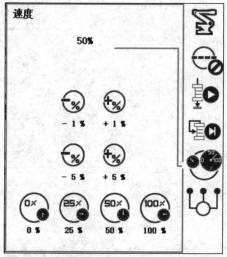

−1%：以 1% 的步幅减小运行速度；+1%：以 1% 的步幅增加运行速度；−5%：以 5% 的步幅减小运行速度；+5%：以 5% 的步幅增加运行速度；0%：将速度设置为 0%；25%：以 25% 的速度运行；50%：以半速（50%）运行；100%：以全速（100%）运行

图 1-36　设置速度倍率

⑥ 任务：安装了 623-1 Multitasking（多任务）选项时，才可以包含多个任务，否则仅包含一个任务。设置任务仅在手动操作模式下有效。图 1-37 显示前台任务 T_ROB1 与后台任务 com，其中前台任务中可以包含动作指令的模块，类型为 Normal；后台任务 com 仅仅用于与 PLC 等外围设备的通信，不能有包含动作指令的模块，类型为 Semi static。在快速设置菜单下仅能启用或停用正常的任务，修改设置需要在"控制面板–配置–Controller–Task"中实现。

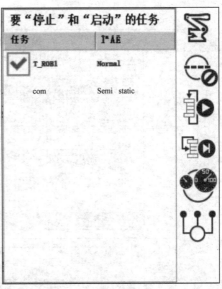

图 1-37　多任务快速显示

1.3.2　工业机器人数据的备份与恢复

为了防止操作人员误删工业机器人系统文件、RAPID 程序与系统参数，一般应对工业机器人系统文件等进行备份。当工业机器人系统无法正常启动时，可以通过已备份的系统文件进行恢复。一般系统备份文件只能用于当前工业机器人，也就是具有唯一性，因此系统备份文件的命名也很重要。

1. 系统备份操作

ABB 工业机器人系统备份操作步骤如表 1-9 所示。

表 1-9　ABB 工业机器人系统备份操作步骤

步骤	操作方法	操作提示
1		在 ABB 菜单界面点击"备份与恢复"菜单
2		在"备份与恢复"界面中，选择"备份当前系统..."

续表

步骤	操作方法	操作提示
3	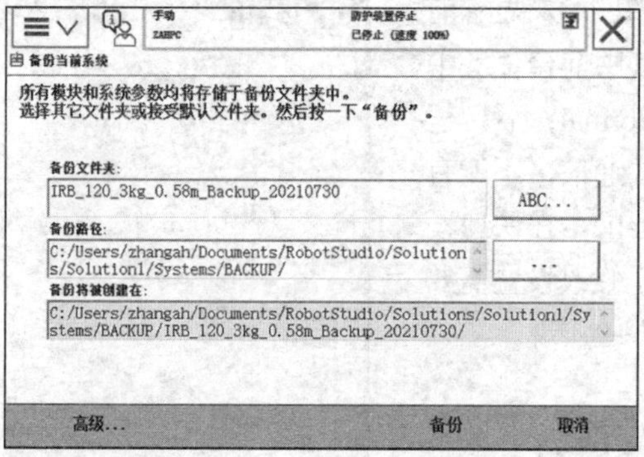	在弹出的界面中，点击"ABC…"按钮，设置系统备份文件名称；点击"…"按钮选择备份文件的存放位置；点击"备份"按钮进行备份操作。系统备份完成后，回到步骤2界面
4	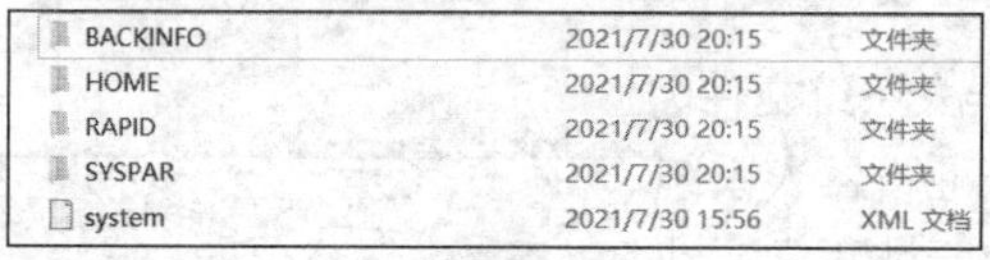 BACKINFO　2021/7/30 20:15　文件夹 HOME　2021/7/30 20:15　文件夹 RAPID　2021/7/30 20:15　文件夹 SYSPAR　2021/7/30 20:15　文件夹 system　2021/7/30 15:56　XML 文档	备份文件夹内有系统中所有存储在 Home 文件夹下的文件、RAPID 程序、系统参数、系统信息等

2. 系统恢复操作

ABB 工业机器人系统恢复操作步骤如表 1-10 所示。

表 1-10　ABB 工业机器人系统恢复操作步骤

步骤	操作方法	操作提示
1	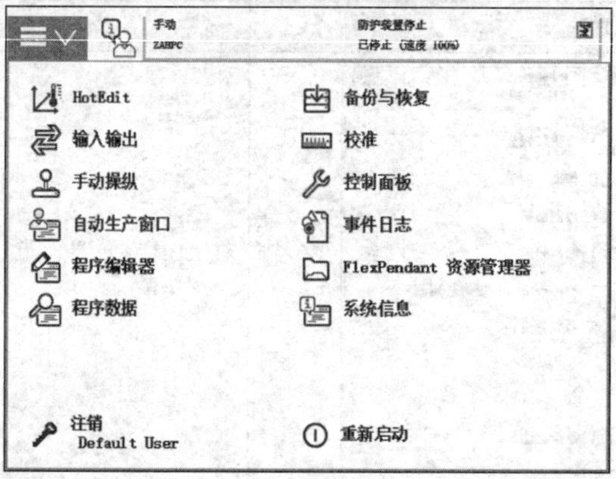	在 ABB 菜单界面点击"备份与恢复"菜单
2	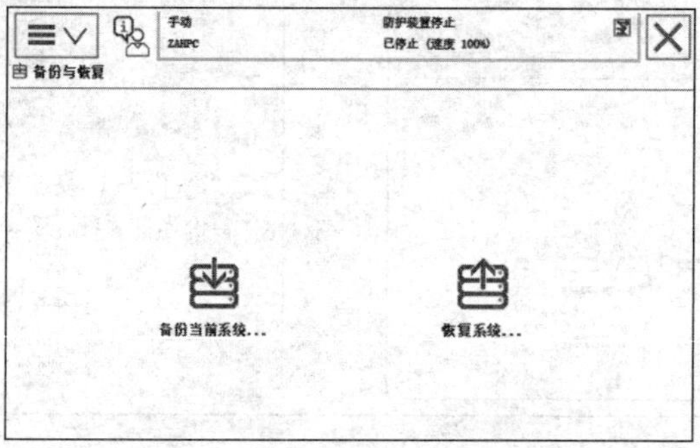	在"备份与恢复"界面中，选择"恢复系统…"

续表

步骤	操作方法	操作提示
3	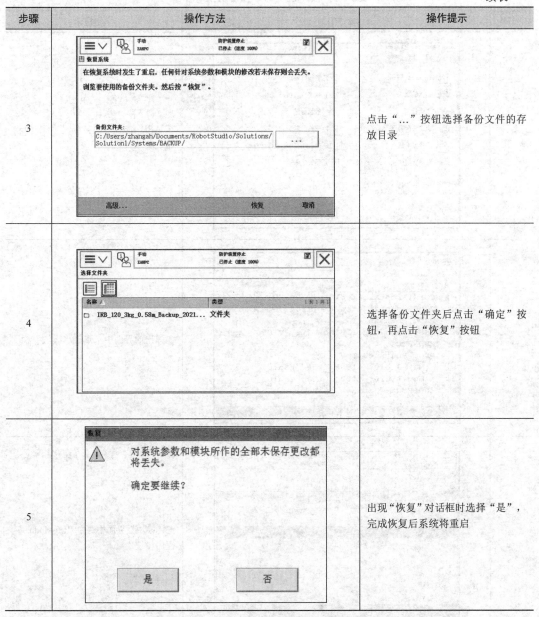	点击"..."按钮选择备份文件的存放目录
4		选择备份文件夹后点击"确定"按钮，再点击"恢复"按钮
5		出现"恢复"对话框时选择"是"，完成恢复后系统将重启

3．模块的单独备份与导入

进行系统恢复时需要注意备份数据的唯一性，也就是无法将一台工业机器人的备份数据恢复到另一台工业机器人中。但在批量调试时，可将工业机器人的程序模块和输入/输出定义设置成通用的。此时可以采用单独导入程序模块和单独导入 EIO 文件的方式以满足批量调试的需要。我们以 MyModule 程序模块的备份与导入为例，来说明模块的单独备份与导入的操作方法。

（1）程序模块的单独备份操作

程序模块的单独备份操作步骤如表 1-11 所示。

表 1-11　程序模块的单独备份操作步骤

步骤	操作方法	操作提示
1	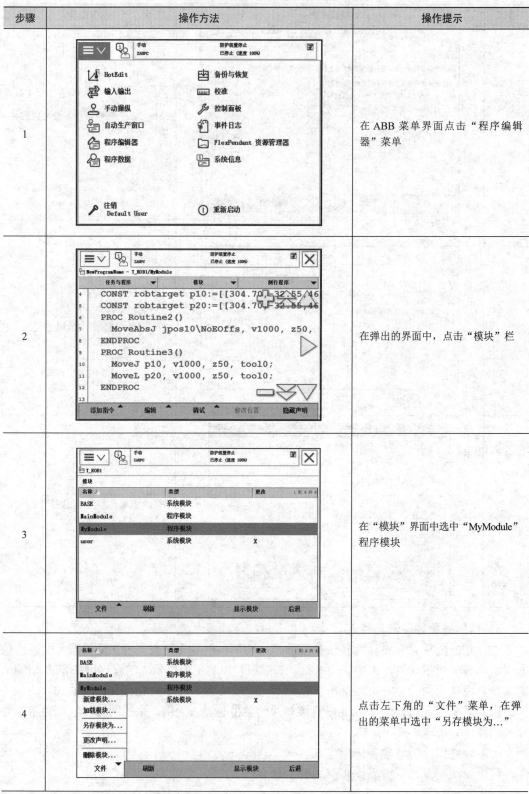	在 ABB 菜单界面点击"程序编辑器"菜单
2		在弹出的界面中，点击"模块"栏
3		在"模块"界面中选中"MyModule"程序模块
4		点击左下角的"文件"菜单，在弹出的菜单中选中"另存模块为…"

续表

步骤	操作方法	操作提示
5	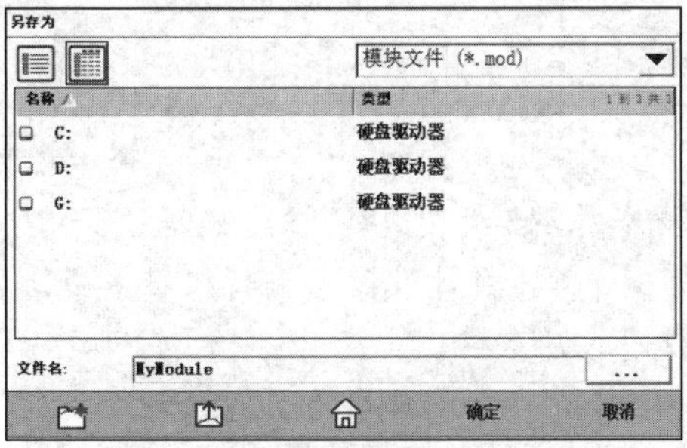	在"另存为"界面中，点击按键 将程序模块 MyModule 保存到硬盘（或优盘）指定位置后，点击"确定"按钮

（2）程序模块的导入操作

程序模块的导入操作步骤如表 1-12 所示。

表 1-12　程序模块的导入操作步骤

步骤	操作方法	操作提示
1	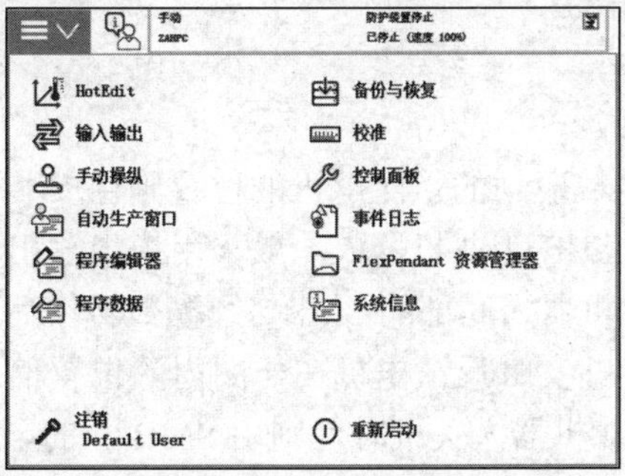	在 ABB 菜单界面点击"程序编辑器"菜单
2	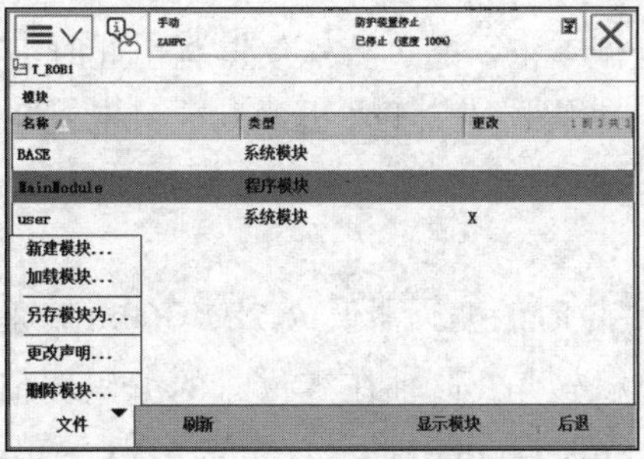	点击"模块"栏，在"模块"界面中选中"MainModule"程序模块，然后点击左下角的"文件"菜单，在弹出的菜单中选择"加载模块…"
3	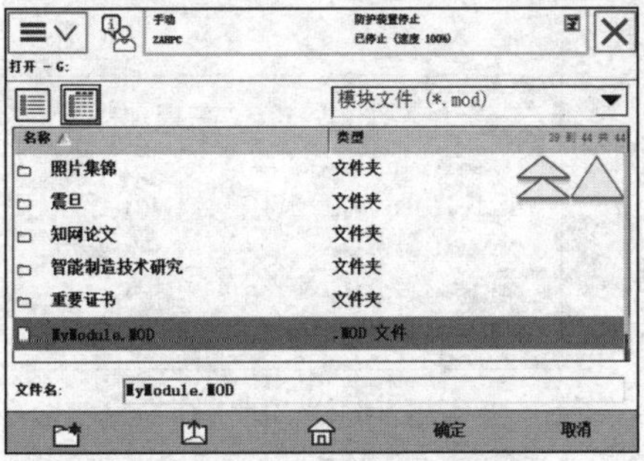	在弹出的界面中，点击按键 找到程序模块后，点击"确定"按钮以导入程序模块（MyModule.MOD）

1.4 ABB 工业机器人校准

【学习目标】
- 理解 ABB 工业机器人校准的基本原理。
- 掌握两种工业机器人校准方法（更新转数计数器、编辑校准参数）。
- 了解工业机器人出厂前 Axis 校准方法。
- 培育执着专注、精益求精、一丝不苟、追求卓越的工匠精神。

知识学习与能力训练

1.4.1 工业机器人校准的基本原理

1．工业机器人关节电机位置的获取

工业机器人的关节运动是由伺服电机驱动的，而电机的位置则由安装在电机轴端的编码器检测并反馈给工业机器人控制器。ABB 工业机器人一般采用模拟输出型的 Resolver 绝对值编码器，将其反馈线缆连接到工业机器人底部的 SMB，经模数转换后再传送至工业机器人控制器。Resolver 绝对值编码器能够实时反馈电机在一圈内的位置信息，电机的圈数在 SMB 中的存储需要控制柜供电，工业机器人关机时，则由 SMB 上的电池供电。

2．工业机器人关节轴位置的获取

工业机器人每个关节轴都有一个机械零位，通过特殊仪器测出此时编码器一圈内的反馈值（以弧度表示），即该轴在零位时的编码器值。工业机器人关节电机与关节之间经减速机构连接，电机的位置不能直接表示关节轴的位置，两者之间需要转换，计算方法如式（1-12）所示。

关节轴角度=(电机转角−该轴在零位时的编码器值)/6.28×360°/减速比　　　（1-12）

式中，关节轴角度以度为单位，电机转角、该轴在零位时的编码器值均用弧度表示，该轴在零位时的编码器值（Calibration Offset）可由"示教器的 ABB 菜单-控制面板-配置-Motion-Motor Calibration"查得（如图1-38 所示），也可进入"示教器的 ABB 菜单-校准-ROB_1-ROB_1-校准参数-编辑电机校准偏移"查看每个轴在零位时的编码器值（如图 1-39 所示）；减速比（Transmission）可由"示教器的 ABB 菜单-控制面板-配置-Motion"查得。

参数名称	值	1 到 6 共
Name	rob1_1	
Commutator Offset	1.5708	
Commutator Offset Valid	Yes	
Calibration Offset	1.244	
Calibration Offset Valid	Yes	
Calibration Sensor Position	0	

图 1-38　轴 1 在零位时的编码器值

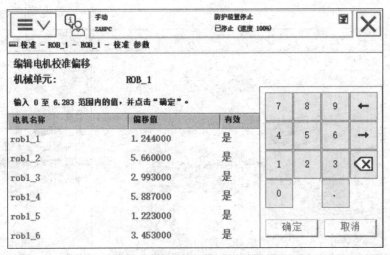

图 1-39　关节轴在零位时的编码器值

1.4.2　ABB 工业机器人校准方法

ABB 工业机器人校准方法主要分 3 种，分别为更新转数计数器、编辑电机校准参数与 Axis 校准。其中更新转数计数器在工业机器人本体未发生拆装的情况下使用；编辑电机校准参数适用于现场未发生电机更换、本体拆装，而电机校准参数被人为修改的情况；Axis 校准则是工业机器人在工厂标定绝对零位的方法。

1.　更新转数计数器

电机旋转圈数在工业机器人关机时通过 SMB 上的电池供电保存，若 SMB 电池没电或其他原因导致工业机器人出现"转数计数器未更新"报警，则表明电机圈数丢失，此时需要告知工业机器人零圈的大概位置，实际上零位参考信息并未丢失。

更新转数计数器的操作步骤如表 1-13 所示。

表 1-13　更新转数计数器的操作步骤

步骤	操作方法	操作提示
1		移动关节轴到对应的同步标记位置；若现场不能使多个轴（A～F）同时到达标记位置，可根据现场情况对各个轴单独进行转数计数器更新，完成工业机器人轴的粗校准

续表

步骤	操作方法	操作提示
1	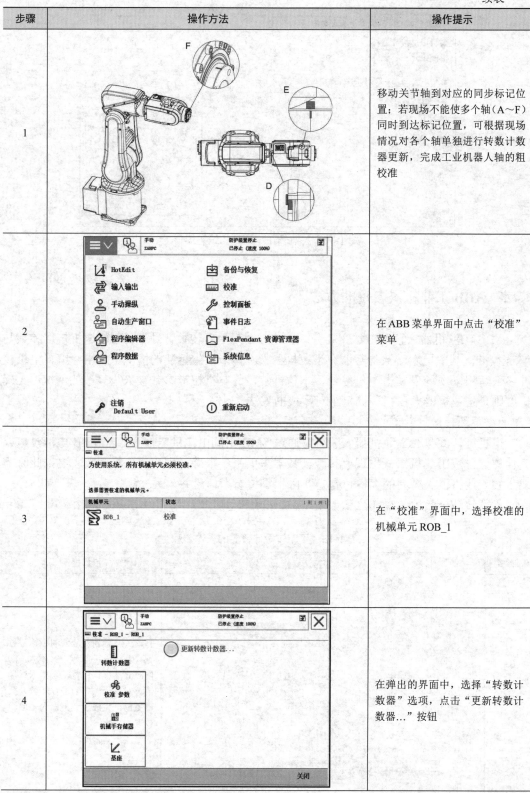	移动关节轴到对应的同步标记位置；若现场不能使多个轴（A～F）同时到达标记位置，可根据现场情况对各个轴单独进行转数计数器更新，完成工业机器人轴的粗校准
2		在ABB菜单界面中点击"校准"菜单
3		在"校准"界面中，选择校准的机械单元 ROB_1
4		在弹出的界面中，选择"转数计数器"选项，点击"更新转数计数器…"按钮

续表

步骤	操作方法	操作提示
5	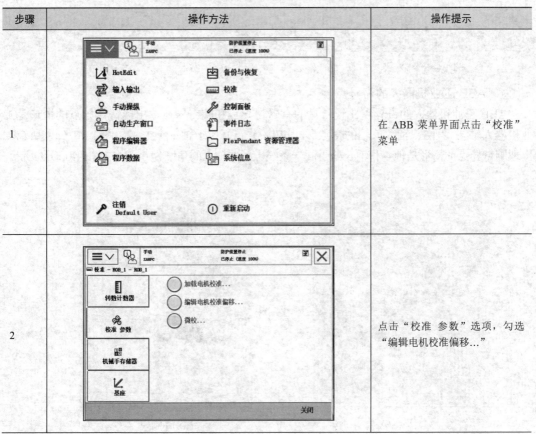	在"更新转数计数器"界面中，选择需要进行转数计数器更新的轴，点击"更新"按钮

完成更新转数计数器操作后，一般需要插入 MoveAbsJ pHome,v1000,fine,tool0 语句，运行并检查工业机器人的零位是否正确。

2．编辑电机校准参数

编辑电机校准参数的操作步骤如表 1-14 所示。

表 1-14　编辑电机校准参数的操作步骤

步骤	操作方法	操作提示
1		在 ABB 菜单界面点击"校准"菜单
2		点击"校准 参数"选项，勾选"编辑电机校准偏移…"

续表

步骤	操作方法	操作提示
3		检查电机校准偏移量是否与工业机器人本体上的标签完全一致，在工业机器人本体未被拆装、电机与本体未分离时，两者应一致；否则应进行 Axis 校准

3．Axis 校准

ABB 工业机器人出厂前的绝对零位一般是通过 Axis 校准方法标定的。Axis 校准方法在本体对应的位置安装 pin 撞针，运行程序自动测量工业机器人的零位信息。Axis 校准操作分为两步：粗校准与精校准。粗校准采用前文所述的更新转数计数器的操作方法，精校准需调用 Axis Calibration 例行程序完成 Axis 校准。

模块拓展

1．ABB 工业机器人的奇异点

ABB 工业机器人的奇异点比较常见的有臂奇异点和腕奇异点。出现臂奇异点的情形是工业机器人轴4、轴5、轴6三轴的交点（即 WCP）正好位于轴1上方，如图1-40（a）所示。出现腕奇异点的情形是轴4和轴6处于同一条线上（即轴5的角度为0°），如图1-40（b）所示。

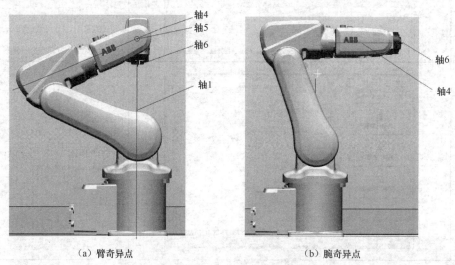

（a）臂奇异点　　　　　　　（b）腕奇异点

图1-40　ABB 工业机器人出现奇异点时的情形

2．工业机器人奇异点问题的解决方法

（1）布局与夹具设计

在进行工作站布局时不仅要考虑工业机器人和设备的摆放布局，尽量让工业机器人在工作过程中不经过奇异点，还要考虑工业机器人夹具对其姿态的影响。如果必须经过奇异点，可在奇异点前面增加示教点，并使用关节轴运动指令让工业机器人通过奇异点。

（2）SingArea 指令的应用

在编程时也可以使用 SingArea 指令让工业机器人自动规划当前轨迹经过奇异点时的插补方式。SingArea 用于定义工业机器人如何在奇异点附近移动，有 3 个开关选项，分别为 Wrist、LockAxis4 与 Off。

[例程 1]　SingArea \Wrist。

功能说明：可略微改变工具方位，适用于轴 4 与轴 6 平行的情况，允许工具方位稍微偏移，以通过奇异点；拥有不到 6 个轴的工业机器人，可能无法到达插补的工具方位。

使用 SingArea \Wrist，可移动工业机器人，但是工具方位将会略微改变。

[例程 2]　SingArea \LockAxis4。

功能说明：将轴 4 锁定在 0°或±180°，可编程 6 个轴的工业机器人运行，从而避免在轴 5 接近零时出现奇异点问题。

将轴 4 锁定在 0°或±180°，可以到达编程位置。当轴 4 位于 0°或±180°时，未编程位置会得到不同的工具方位。如果轴 4 的起始位置偏离锁定位置 2°以上，则开始的运动类似于 SingArea 调用\Wrist 运行的结果。

[例程 3]　SingArea \Off。

功能说明：不允许工具方位偏离编程方位。如果通过一个奇异点，则一个或多个轴可能执行横扫动作并导致速度降低。拥有不到 6 个轴的工业机器人可能无法到达编程的工具方位，工业机器人将停止运行。

课后习题

1．写出描述刚体位姿的（4×4）矩阵。

2．有一点的矢量为 $[10.00\quad 20.00\quad 30.00]^T$，相对参考系进行以下齐次坐标变换。

$$A=\begin{bmatrix} 0.866 & -0.500 & 0.000 & 11.0 \\ 0.500 & 0.866 & 0.000 & -3.0 \\ 0.000 & 0.000 & 1.000 & 9.0 \\ 0 & 0 & 0 & 1 \end{bmatrix}$$

写出变换后点的矢量表达式，并说明是什么性质的变换，写出旋转变换算子 *Rot* 及平移变换算子 *Trans*。

3．有一个旋转变换，先围绕固定坐标 z_0 轴转 45°，再围绕 x_0 轴转 30°，最后围绕 y_0 轴转 60°，试求该齐次变换矩阵。

4. 动坐标系{B}起初与固定坐标系{O}重合，首先将动坐标系{B}围绕 Z_B 旋转 30°，然后绕旋转后的动坐标系的 X_B 轴旋转 45°，试写出该动坐标系{B}的起始矩阵和最终矩阵。

5. 工业机器人坐标系分为_____坐标系和_____笛卡儿坐标系两大类。直角笛卡儿坐标系又分为_____、_____、_____、_____等。

6. 围绕平行于 X 轴、Y 轴和 Z 轴转动时的定义分别为 w、p、r（或 Ex、Ey、Ez），其正方向分别以 X 轴、Y 轴、Z 轴的正方向且以_____前进的方向为正。

7. 工业机器人默认的工具坐标系，又称为_____坐标系，其原点位于_____轴法兰盘端面的中心，_____轴垂直法兰盘端面向外。

8. ABB 工业机器人工件坐标系由_____框架和_____框架组成，_____框架是_____框架的子框架。

9. ABB 工业机器人主要由_____、_____、_____和_____等组成，其中连接电缆主要有_____电缆、_____电缆、_____电缆和_____电缆等。

10. 工业机器人本体包括_____、_____和_____等部分。

11. 机身又称为_____，是整个工业机器人的支撑部分，具有一定的刚度和稳定性。

12. 腕部位于_____和_____之间，主要帮助手部呈现期望的姿态，扩大臂部运动范围。

13. 示教器用于执行与操作工业机器人系统有关的许多任务，包括_____、_____、_____、_____、_____、监控工业机器人状态等。

14. ABB 工业机器人的主要技术参数一般包括_____、_____、_____、_____和_____等。

15. 手动操纵工业机器人运动有 3 种模式，分别为_____运动、_____运动和_____运动。

16. ABB 工业机器人校准方法主要分 3 种，分别为_____、_____与_____校准。

17. ABB 工业机器人的奇异点比较常见的有_____和_____。

18. 简述 ABB 工业机器人数据备份与恢复的操作步骤。

19. 简述 ABB 工业机器人更新转数计数器的操作步骤。

2.1 ABB 工业机器人标准 I/O 模块

【学习目标】
- 了解 ABB 工业机器人 I/O 通信的种类。
- 掌握 ABB 工业机器人标准 I/O 板输入/输出的接线。
- 掌握 ABB 工业机器人标准 I/O 板的配置方法。
- 掌握 ABB 工业机器人标准 I/O 板信号的配置方法。
- 注重事物的整体性、关联性，培养和提升系统思维能力。

知识学习&能力训练

2.1.1 ABB 工业机器人 I/O 通信的种类

ABB 工业机器人具有丰富的 I/O 通信接口，可以与周边设备便捷地实现通信。这些常见接口包括 ABB 标准通信接口、现场总线通信接口与数据通信接口，如表 2-1 所示。

表 2-1 ABB 工业机器人常见的 I/O 通信接口

ABB 标准通信接口	现场总线通信接口	数据通信接口
标准 I/O 板 ABB PLC	DeviceNet PROFIBUS DP PROFINET EtherNet/IP CCLink	串口通信 网络通信

ABB 工业机器人 I/O 通信的种类主要包括本地 I/O 通信、现场总线通信、网络通信。

1. 本地 I/O 通信

本地 I/O 通信是工业机器人控制柜里常见的模块之一，可用于数字量或模拟量的输入/输出控制。其中数字量信号主要用于连接传感器、继电器、电磁阀等外部元器件，可以实现设备状态感知，汽缸夹紧、松开等动作控制。此外 4 个 DI/DO（数字输入/数字输出）信号可以组合为 1 个组信号 GI/GO，用于传递较为复杂的信号。

2. 现场总线通信

现场总线通信主要用于解决智能化仪表、控制器、执行机构等智能现场设备间的数字通信问题，是工业机器人系统集成的有效手段。另外在工业机器人本体 I/O 点数不够的情形下，可通过现场总线连接分布式模块，实现 I/O 接口的扩展。

3. 网络通信

网络通信主要包括 Socket、PC SDK、Robot Web Service、OPC、Robot Message Queue等。网络通信可以以字符串的形式发送各种数据，也可以一次将各种数据以特定形式打包后再发送。

2.1.2 ABB 工业机器人标准 I/O 板

ABB 工业机器人标准 I/O 板（如表 2-2 所示）可提供常用的数字输入/数字输出（DI/DO）、模拟输入/模拟输出（AI/AO）信号的处理。ABB 工业机器人也可以选用标准的 ABB PLC（可编程控制器），省略了原来与外部 PLC 通信设置的步骤，并可在工业机器人示教器上实现与 PLC 相关的操作。

表 2-2　ABB 工业机器人常用标准 I/O 板

序号	型号	通信接口说明
1	DSQC 651	分布式 I/O 模块，DI8/DO8/AO2
2	DSQC 652	分布式 I/O 模块，DI16/DO16
3	DSQC 653	分布式 I/O 模块，DI8/DO8、带继电器
4	DSQC 355A	分布式 I/O 模块，AI4/AO4
5	DSQC 377A	输送链跟踪单元

1. 标准 I/O 板——DSQC 651

DSQC 651 板（如图 2-1 所示）主要提供 8 个数字输入（DI）、8 个数字输出（DO）及2 个模拟输出（AO）信号的处理，一般挂在 DeviceNet 上，因此需要设定模块在网络上的地址。

（1）数字输出接口（X1）

图 2-2 所示为 DSQC 651 板上的数字输出接口（X1），针脚从左向右依次为 1、2…9、10；其中针脚 1～8 对应输出通道 1～通道 8（PNP 类型），针脚 9、针脚 10 则分别接至外部供电电源的 0V 与+24V 端。地址分配从 32 开始，因此输出地址编址为 32～39。

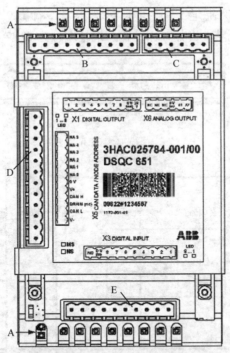

A—数字信号指示灯；B—数字输出接口（X1）；C—模拟输出接口（X6）；
D—DeviceNet 总线通信接口（X5）；E—数字输入接口（X3）

图 2-1　ABB 工业机器人 DSQC 651 板

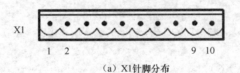

（a）X1 针脚分布

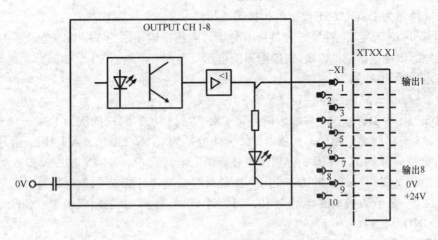

（b）数字输出接口（X1）

图 2-2　DSQC 651 板上的数字输出接口（X1）

（2）数字输入接口（X3）

图 2-3 所示为 DSQC 651 板上的数字输入接口（X3），针脚从右向左依次为 1、2…9、

10；其中针脚 1～8 对应输入通道 1～通道 8（PNP 类型），针脚 9 则接至外部电源的 0V 端，针脚 10 未定义。地址分配从 0 开始，因此输入地址编址为 0～7。

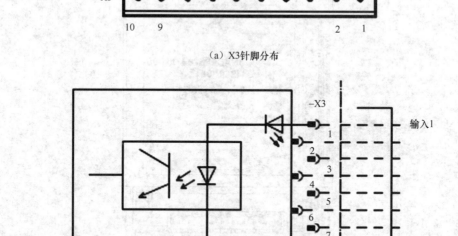

（a）X3针脚分布

（b）数字输入接口（X3）

图 2-3　DSQC 651 板上的数字输入接口（X3）

（3）模拟输出接口（X6）

图 2-4 所示为 DSQC 651 板上的模拟输出接口（X6），针脚从左向右依次为 1、2…5、6；其中针脚 1～3 未定义，针脚 5 与针脚 6 分别对应模拟输出通道 1（AO1）与通道 2（AO2），4 则接至外部供电电源的 0V 端。模拟输出的电压范围为 0V～+10V，AO1 的分配地址为 0～15，AO2 的分配地址为 16～31。

（4）DeviceNet 总线通信接口（X5）

图 2-5 所示为 DeviceNet 总线通信接口（X5），针脚从右向左依次为 1、2…11、12；其中针脚 1～5 与总线通信相关，针脚 2、针脚 4 分别为 CAN_Low、CAN_High 信号线，针脚 3 为屏蔽线，针脚 1、针脚 5 分别接至外部供电电源的 0V、+24V 端；针脚 6～12 与模块总线地址定义相关，其中针脚 6 为 GND 地址公共端，针脚 7～12 分别为模块总线地址的位 0～位 5。若设置模块的地址为 10，可将针脚 8、针脚 10 的跳线剪去，使端子 8、10 不与地（GND）接通。

2. 标准 I/O 板——DSQC 652

DSQC 652 板（如图 2-6 所示）主要提供 16 个数字输入（DI）、16 个数字输出（DO）信号的处理。其设定模块总线地址的方法与 DSQC 651 板相同（如图 2-5 所示）。

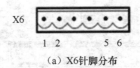

（a）X6针脚分布

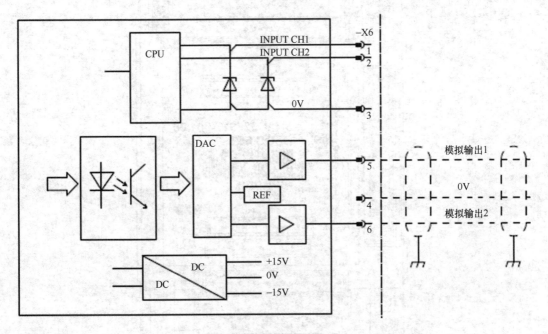

（b）模拟输出接口（X6）

图 2-4 DSQC 651 板上的模拟输出接口（X6）

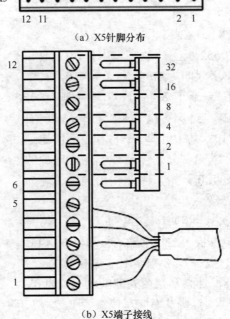

（a）X5针脚分布

（b）X5端子接线

图 2-5 DeviceNet 总线通信接口（X5）

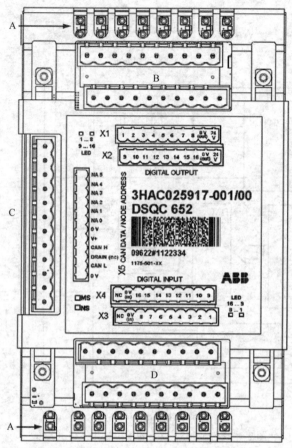

A—数字信号指示灯；B—数字输出接口（X1、X2）；C—DeviceNet 总线通信接口（X5）；D—数字输入接口（X3、X4）

图 2-6　ABB 工业机器人 DSQC 652 板

（1）数字输出接口（X1、X2）

图 2-7 所示为 DSQC 652 板上的数字输出接口（X1、X2）。X1 针脚从左向右依次为 1、2…7、8、9、10，其中针脚 1～8 对应输出通道 1～通道 8，针脚 9 与针脚 10 分别接至外部供电电源的 0V 与+24V 端。X2 针脚从左向右依次为 1、2…7、8、9、10；其中针脚 1～8 对应输出通道 9～通道 16，针脚 9 与针脚 10 分别接至外部供电电源的 0V 与+24V 端。地址分配从 0 开始，因此输出地址编址为 0～15。

（2）数字输入接口（X3、X4）

图 2-8 所示为 DSQC 652 板上的数字输入接口（X3、X4）。X3 针脚从右向左依次为 1、2…7、8、9、10，其中针脚 1～8 对应输入通道 1～通道 8，针脚 9 接至外部供电电源的 0V 端，针脚 10 未定义；同样 X4 针脚从右向左依次为 1、2…7、8、9、10；其中针脚 9 接至外部供电电源的 0V 端，针脚 10

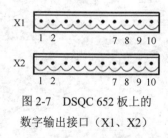

图 2-7　DSQC 652 板上的数字输出接口（X1、X2）

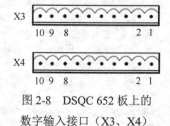

图 2-8　DSQC 652 板上的数字输入接口（X3、X4）

未定义，不同的是针脚 1～8 对应输入通道 9～通道 16。地址分配从 0 开始，因此输入地址编址为 0～15。

3．标准 I/O 板——DSQC 653

DSQC 653 板（如图 2-9 所示）主要提供 8 个数字输入（DI）、8 个数字输出（DO）信号的处理。其设定模块总线地址的方法与 DSQC 651 板相同。

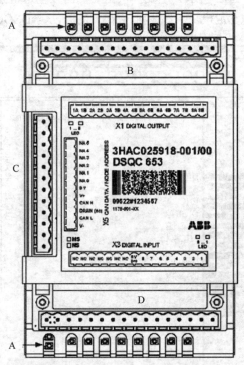

A—数字信号指示灯；B—数字输出接口（X1）；C—DeviceNet 总线通信接口（X5）；D—数字输入接口（X3）

图 2-9　ABB 工业机器人 DSQC 653 板

（1）数字输出接口（X1）

图 2-10 所示为 DSQC 653 板上的数字输出接口（X1），X1 针脚从左向右依次为 1、2、3、4…15、16；其中针脚 1、针脚 2 为数字输出 1，针脚 3、针脚 4 为数字输出 2，……，以此类推，针脚 15、针脚 16 为数字输出 8。地址分配从 0 开始，因此输出地址编址为 0～7。

1 2 3 4　　　　　　　　　　15 16

图 2-10　DSQC 653 板上的数字输出接口（X1）

（2）数字输入接口（X3）

图 2-11 所示为 DSQC 653 板上的数字输入接口（X3），X3 针脚从右向左依次为 1、2、3、4…15、16；其中针脚 1～8 分别对应输入通道 1～8，针脚 9 接至电源 0V 端，针脚 10～16 未定义。地址分配从 0 开始，因此输入地址编址为 0～7。

图 2-11 DSQC 653 板上的数字输入接口（X3）

4. 标准 I/O 板——DSQC 377

DSQC 377 板（如图 2-12 所示）主要提供工业机器人输送链跟踪功能所需的编码器与同步开关信号的处理。其设定模块总线地址（X5）的方法与 DSQC 651 板相同。

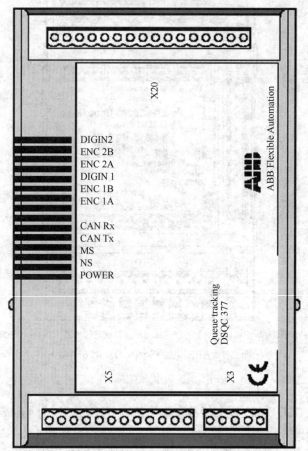

X3—供电电源接口；X5—DeviceNet 总线通信接口；X20—编码器与同步开关的端子

图 2-12 ABB 工业机器人 DSQC 377 板

（1）供电电源接口（X3）

图 2-13 所示为 DSQC 377 板上的供电电源接口（X3），针脚从右向左依次为 1、2、3、4、5；其中针脚 1、针脚 5 分别外接电源的 0V、+24V 端；针脚 3 为接地（GND）端子，针脚 2、针脚 4 未定义。

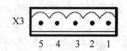

图 2-13 DSQC 377 板
上的供电电源接口（X3）

（2）编码器与同步开关的端子（X20）

图 2-14 所示为 DSQC 377 板上的编码器与同步开关的端子（X20），针脚从右向左依次为 1、2、3、4…15、16；DSQC 377 板与编码器、同步开关的接线示意如图 2-15 所示。

图 2-14 编码器与同步开关的端子（X20）

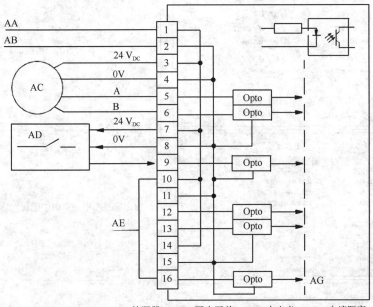

AA—+24V；AB—0V；AC—编码器；AD—同步开关；AE—未定义；AG—电流隔离

图 2-15 DSQC 377 板与编码器、同步开关的接线示意

2.1.3 ABB 工业机器人标准 I/O 板的配置

1. DSQC 652 板的配置

ABB 工业机器人标准 I/O 板提供的常用信号处理有数字输入（DI）、数字输出（DO）、模拟输入（AI）、模拟输出（AO）等。其中 DSQC 651、DSQC 652 是最常用的模块，DSQC 652 板主要提供 16 个数字输入和 16 个数字输出信号的处理，无模拟量输入、输出信号的处理。下面以 DSQC 652 板的总线配置说明相关参数的设定过程。DSQC 652 板的总线配置参数说明如表 2-3 所示，其配置操作步骤如表 2-4 所示。

表 2-3 DSQC 652 板的总线配置参数说明

序号	参数名称	设定值	参数说明
1	Name	Board10	I/O 板在系统中的名称
2	Type of Unit	D652	I/O 板的类型
3	Connect to Bus	DeviceNet	I/O 板连接的总线（系统默认值）
4	DeviceNet Address	10	I/O 板在总线中的地址

表 2-4　DSQC 652 板配置操作步骤

步骤	操作方法	操作提示
1		在 ABB 菜单界面点击"控制面板"菜单
2		在弹出的界面中，点击"配置"选项
3		在弹出的界面中，选中"DeviceNet Device"，点击"显示全部"按钮
4		在弹出的界面中点击"添加"按钮
5		将"使用来自模板的值："设置为"DSQC 652 24 VDC I/O Device"，将"Name"修改为"Board10"

续表

步骤	操作方法	操作提示
6		将"Address"设置为"10"，最后点击"确定"按钮，并重启系统

2. I/O 信号的配置

ABB 工业机器人标准 I/O 板配置完成后需配置 I/O 信号，I/O 信号的相关参数如表 2-5 所示，I/O 信号配置的操作步骤如表 2-6 所示。

表 2-5　I/O 信号的相关参数

序号	参数名称	设定值	参数说明
1	Name	DI1	信号名称
2	Type of Signal	Digital Input	信号类型
3	Assigned to Device	Board10	信号连接的设备名称
4	Device Mapping	0	信号映射的物理端口

表 2-6　I/O 信号配置的操作步骤

步骤	操作方法	操作提示
1		在 ABB 菜单界面点击"控制面板"菜单
2		在弹出的界面中，点击"配置"选项

续表

步骤	操作方法	操作提示
3	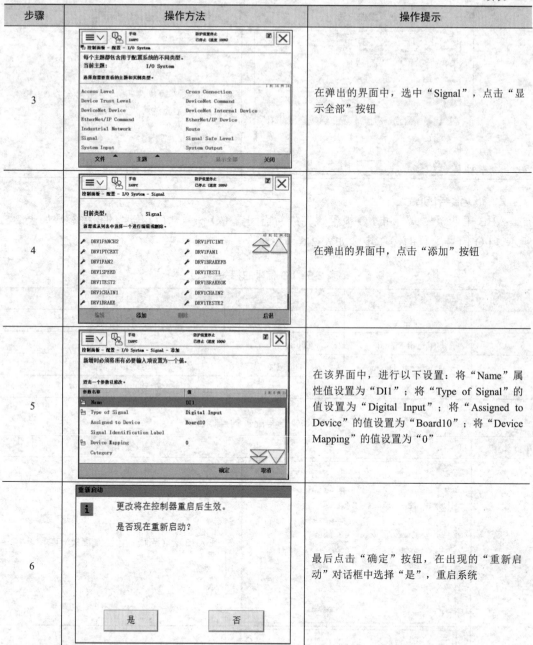	在弹出的界面中，选中"Signal"，点击"显示全部"按钮
4		在弹出的界面中，点击"添加"按钮
5		在该界面中，进行以下设置：将"Name"属性值设置为"DI1"；将"Type of Signal"的值设置为"Digital Input"；将"Assigned to Device"的值设置为"Board10"；将"Device Mapping"的值设置为"0"
6		最后点击"确定"按钮，在出现的"重新启动"对话框中选择"是"，重启系统

若需同时处理（或控制）若干个 DI/DO 信号，可将若干个 DI/DO 信号组合起来。在表 2-6 中的第 5 步将"Type of Signal"的值设置为"Group Input"，映射地址为 0~7（共 8 位），GI1 的值将表示 DI1~DI8 这 8 位的状态，如图 2-16 所示。

3. I/O 信号的监控

配置 I/O 信号后可根据需要对信号进行监控（查看与控制），具体操作步骤如表 2-7 所示。

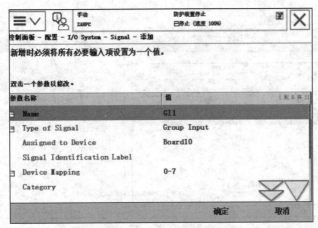

图 2-16　组信号的设置

表 2-7　对 I/O 信号进行监控的操作步骤

步骤	操作方法	操作提示
1	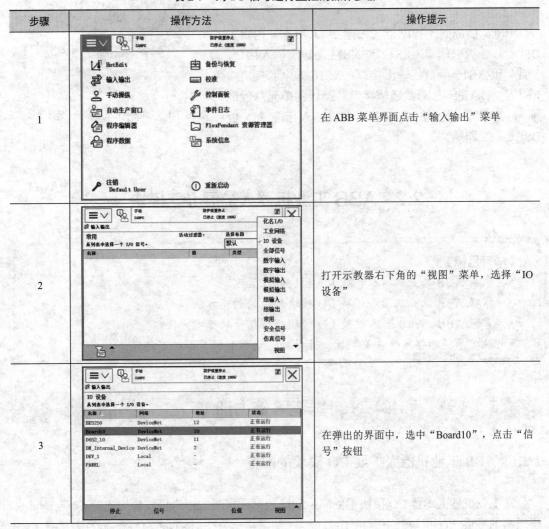	在 ABB 菜单界面点击"输入输出"菜单
2		打开示教器右下角的"视图"菜单，选择"IO 设备"
3		在弹出的界面中，选中"Board10"，点击"信号"按钮

续表

步骤	操作方法	操作提示
4	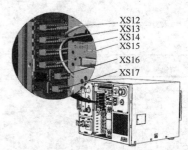	在弹出的界面中可以看到所定义的信号，并可对信号进行监控、仿真与强制操作

2.1.4 IRC5 Compact 控制柜内置 I/O 板

IRC5 Compact 控制柜（如图 2-17 所示）内置了 DSQC 652 板卡，其中 XS12 和 XS13 为数字输入接口，XS14 和 XS15 为数字输出接口；XS16 为电源接口；XS17 为 DeviceNet 总线通信接口，默认的单元总线地址为 10。其配置方法与 ABB 工业机器人标准 I/O 板 DSQC 652 相同。

图 2-17　IRC5 Compact（紧凑型）控制柜 I/O 接口

2.2　ABB 工业机器人扩展 I/O 模块

【学习目标】
- 掌握 ABB 工业机器人扩展 I/O 模块的配置方法。
- 掌握 ABB 工业机器人扩展 I/O 模块信号的创建方法。
- 掌握 ABB 工业机器人扩展 I/O 模块模拟信号的标定方法。
- 注重事物的整体性、关联性、开放性，培养和提升系统思维能力。

知识学习&能力训练

2.2.1　ABB 工业机器人扩展 I/O 模块的配置

在工业机器人本体 I/O 模块不能满足现场控制需求时，用户可以使用支持 DeviceNet 总线通信的扩展 I/O 模块。下面以 Beckhoff（德国倍福）DeviceNet 总线产品为例介绍 ABB

工业机器人扩展 I/O 模块的配置方法。

　　Beckhoff 扩展 I/O 模块由一个总线连接器、一个总线地址选择开关、一个总线耦合器、多个模拟量输入/输出端子模块、多个数字量输入/输出模块及一个末端端子模块组成（如图 2-18 所示）。其中总线耦合器可用于各种总线的直接连接或协议转换，是一种独立于现场总线的开放 I/O 系统，由电子端子排组成。总线耦合器能自动识别所连接的总线端子模块，并自动将输入/输出分配到过程映像区的字节中。总线耦合器将带端子模块总线扩展的端子排视为一个节点，对于现场总线和上位系统来说，扩展是透明的。BK5250 是用于 DeviceNet 的紧凑型总线耦合器，具有自动检测通信波特率的功能，有两个地址选择开关用于总线地址设定，另有用于 DeviceNet 的总线连接器（5 针接头），针脚定义自上而下分别为 V+、CAN-H、DRAIN、CAN-L 与 V−。

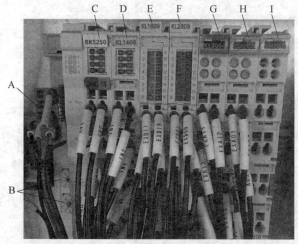

A—DeviceNet 总线连接器；B—总线地址选择开关；C—BK5250 总线耦合器；D—KL1408 数字量输入模块（8 个通道）；
E—KL1809 数字量输入模块（16 个通道）；F—KL2809 数字量输出模块（16 个通道）；
G—KL3064 模拟量输入端子模块（4 个通道）；H—KL4004 模拟量输出端子模块（4 个通道）；
I—KL9010 总线末端端子模块

图 2-18　Beckhoff 扩展 I/O 模块

ABB 工业机器人配置 Beckhoff 扩展 I/O 模块的操作步骤如表 2-8 所示。

表 2-8　配置 Beckhoff 扩展 I/O 模块的操作步骤

步骤	操作方法	操作提示
1	≡∨ 手动 ZABPC 防护装置停止 已停止 (速度 100%) HotEdit　　　　　备份与恢复 输入输出　　　　校准 手动操纵　　　　控制面板 自动生产窗口　　事件日志 程序编辑器　　　FlexPendant 资源管理器 程序数据　　　　系统信息 注销 Default User　　重新启动	在 ABB 菜单界面点击"控制面板"菜单

续表

步骤	操作方法	操作提示
2	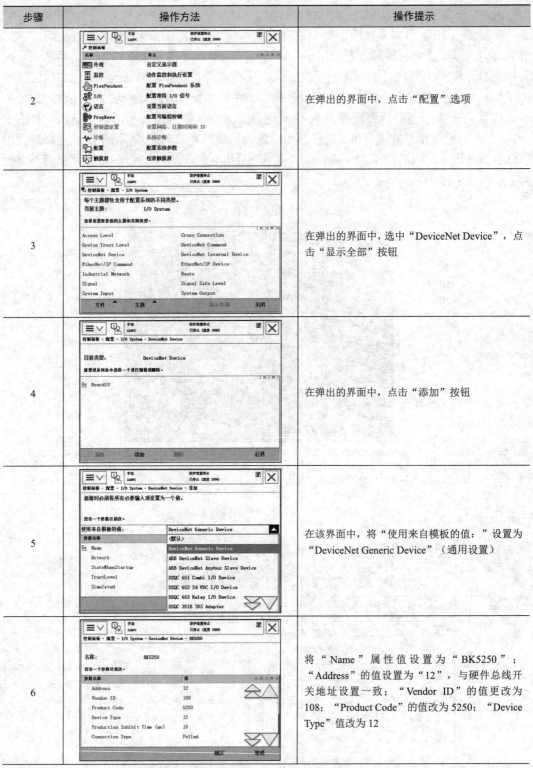	在弹出的界面中,点击"配置"选项
3		在弹出的界面中,选中"DeviceNet Device",点击"显示全部"按钮
4		在弹出的界面中,点击"添加"按钮
5		在该界面中,将"使用来自模板的值:"设置为"DeviceNet Generic Device"(通用设置)
6		将"Name"属性值设置为"BK5250";"Address"的值设置为"12",与硬件总线开关地址设置一致;"Vendor ID"的值更改为108;"Product Code"的值改为5250;"Device Type"值改为12

续表

步骤	操作方法	操作提示
7		将"Connection Type"的值改为"Polled";"PollRate"的值改为500;"Connection Output Size（bytes）"与"Connection Input Size（bytes）"的值均改为−1，表示自适应;设定完成后点击"确定"按钮，并重启系统

配置其他设备需要根据其设备特征更改相应参数，Beckhoff 扩展 I/O 模块的 DeviceNet 设备配置参数如表 2-9 所示，表中未将默认值列出。

表 2-9 Beckhoff 扩展 I/O 模块的 DeviceNet 设备配置参数

序号	名称	配置结果
1	Name	BK5250
2	VendorName	Beckhoff
3	ProductName	BK-5250
4	Label	DeviceNet Generic Device
5	Address	12
6	Vendor ID	108
7	Product Code	5250
8	Device Type	12
9	Connection Output Size	−1
10	Connection Input Size	−1

2.2.2 ABB 工业机器人扩展 I/O 模块的信号配置

1. 扩展 I/O 模块的信号配置

扩展 I/O 模块配置完成后，需要根据模块创建相应的信号，操作步骤与表 2-6 的操作步骤相同。下面以 EXDI1 数字输入信号的创建为例，介绍扩展 I/O 模块信号配置的剩余步骤，如表 2-10 所示。

扩展 I/O 模块信号配置时需要考虑其通道映射地址，否则无法正常应用。Beckhoff 扩展 I/O 模块对应的通道映射地址如表 2-11 所示。

表 2-10　扩展数字 I/O 信号的配置（剩余步骤）

步骤	操作方法	操作提示
1		在"控制面板–配置–I/O System–Signal–EXDI1"界面中，将"Name"属性值设置为"EXDI1"；将"Type of Signal"设置为"Digital Input"
2		将"Assigned to Device"设置为"BK5250"，此为 Beckhoff 扩展 I/O 模块的名称；将"Device Mapping"的值更改为 72，有关通道映射地址的内容如表 2-11 所示。 设定参数后点击"确定"按钮，并重启系统

表 2-11　Beckhoff 扩展 I/O 模块对应的通道映射地址

序号	模块	信号类型	地址段
1	KL1408	8 个通道数字输入	64～71
2	KL1809	16 个通道数字输入	72～87
3	KL2809	16 个通道数字输出	64～79
4	KL3064	4 个通道模拟输入	0～63
5	KL4004	4 个通道模拟输出	0～63

注：1 个模拟通道对应 16 个位。

2. 扩展模块模拟信号的创建

模拟信号的创建过程与数字信号类似，区别在于物理通道地址的映射，数字信号映射的是单个位，而模拟信号需要映射多个位，以模拟输入量"EXAI1"为例，扩展模块创建模拟信号的操作步骤如表 2-12 所示。

表 2-12　扩展模块创建模拟信号的操作步骤

步骤	操作方法	操作提示
1		在"控制面板–配置–I/O System–Signal–EXAI1"界面中，将"Name"属性值改为"EXAI1"；将"Type of Signal"设置为"Analog Input"；将"Assigned to Device"设置为"BK5250"；将"Device Mapping"的值更改为"0-15"

续表

步骤	操作方法	操作提示
2	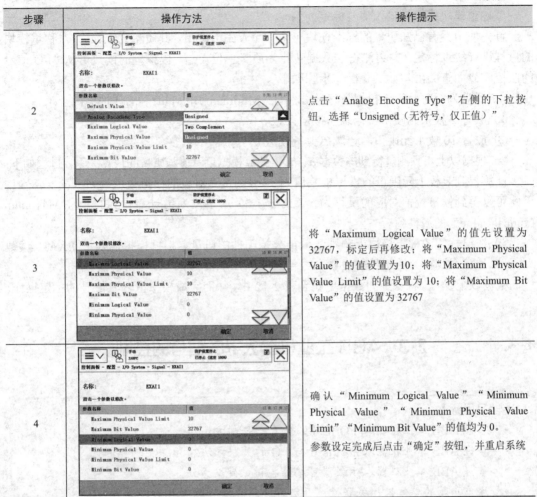	点击"Analog Encoding Type"右侧的下拉按钮,选择"Unsigned(无符号,仅正值)"
3		将"Maximum Logical Value"的值先设置为32767,标定后再修改;将"Maximum Physical Value"的值设置为 10;将"Maximum Physical Value Limit"的值设置为 10;将"Maximum Bit Value"的值设置为 32767
4		确认"Minimum Logical Value""Minimum Physical Value""Minimum Physical Value Limit""Minimum Bit Value"的值均为 0。参数设定完成后点击"确定"按钮,并重启系统

模拟信号的参数有一部分与数字信号相同,表 2-13 列出了不同的配置参数说明。

表 2-13　模拟信号的配置参数说明

序号	参数名称	参数说明
1	Analog Encoding Type	信号编码类型,单向或双向,取值为 Unsigned 时为正值
2	Maximum Logical Value	最大逻辑值,为标定后的量程上限
3	Maximum Physical Value	最大物理量,模拟量量程最大值
4	Maximum Physical Value Limit	最大物理限值,模拟量量程上限
5	Maximum Bit Value	最大位值,模块数字示值上限
6	Minimum Logical Value	最小逻辑值,为标定后的量程下限
7	Minimum Physical Value	最小物理量,模拟量量程最小值
8	Minimum Physical Value Limit	最小物理限值,模拟量量程下限
9	Minimum Bit Value	最小位值,模块数字示值下限

3. 扩展模块模拟信号的标定

以称重模块模拟量输入信号标定为例。

首先使用具有已知质量的标准模块（如 1 元人民币硬币，其质量为 6.1g），对称重模块的量程进行线性标定，并将测得的数据转化为质量单位（g）。模拟量的读数可从"I/O 信号的监控"界面查阅，具体实验操作步骤如下。

① 托盘为空时，记录模拟量读数 a，为"Minimum Bit Value"的属性值。

② 放置 2 枚 1 元硬币，记录模拟量读数 b。

③ 放置 10 枚 1 元硬币，记录模拟量读数 c。

④ 根据以上步骤测量得到的数据 a、b、c 计算模拟量示值与质量的换算关系，过程如下：计算得到 8 枚 1 元硬币的模拟量差值为 $c-b$，则每克对应的模拟量值为 $m=(c-b)/8/6.1$；因此可以得到模量位值对应的量程为 $n=(32767-a)/m$，单位为 g，计算得到的 n 为"Maximum Logical Value"的属性值。

⑤ 在已标定的称重模块上分别测量待分拣工件的质量。根据模拟输入量 EXAI1 读数 d，可以计算得到待分拣工件的质量 e，$e=(d-a)/m$，单位为 g。

根据以上操作，将得到的数据更新到表 2-12 中，从而完成模拟量输入信号的标定操作。

2.3 ABB 工业机器人 I/O 信号的控制

【学习目标】
- 掌握 ABB 工业机器人 I/O 信号的仿真与强制方法。
- 掌握 ABB 工业机器人系统信号与 I/O 的关联方法。
- 掌握 ABB 工业机器人示教器可编程按键的定义方法。
- 注重事物的整体性、关联性、开放性，培养和提升系统思维能力。

知识学习&能力训练

2.3.1 I/O 信号的仿真与强制

在对工业机器人进行调试与检修时，可对 I/O 信号的状态或数值进行仿真、强制等操作。其中对输入信号（DI、GI、AI 等）只能进行仿真操作，对输出信号（DO、GO、AO 等）既可进行仿真操作也可进行强制操作。

1. 对 DI1 进行仿真操作

对 DI1 进行仿真操作的前 3 步与表 2-7 中的前 3 步步骤相同，其余步骤如表 2-14 所示。

表 2-14　对 DI1 进行仿真操作的步骤

步骤	操作方法	操作提示
1	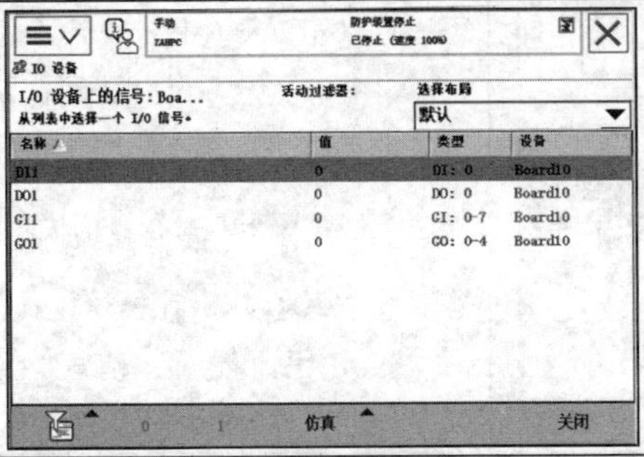	选中"DI1"信号,点击"仿真"按钮
2	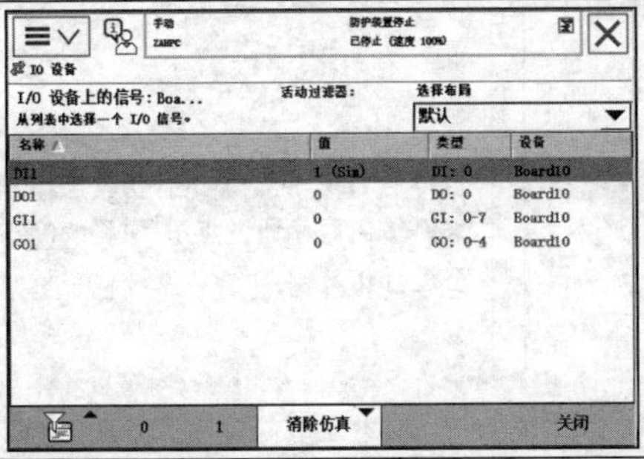	点击"1",将 DI1 的状态仿真设置为"1"
3	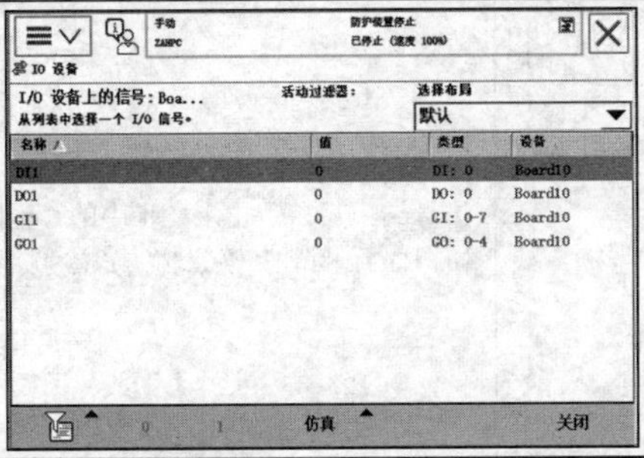	仿真结束后,点击上一步中的"消除仿真"按钮,DI1 的值又恢复为"0"

2. 对 DO1 进行强制、仿真操作

对 DO1 进行强制与仿真操作的前 3 步与表 2-7 中的前 3 步步骤相同,其余步骤如表 2-15 所示。

表 2-15　对 DO1 进行强制与仿真操作的步骤

步骤	操作方法	操作提示
1	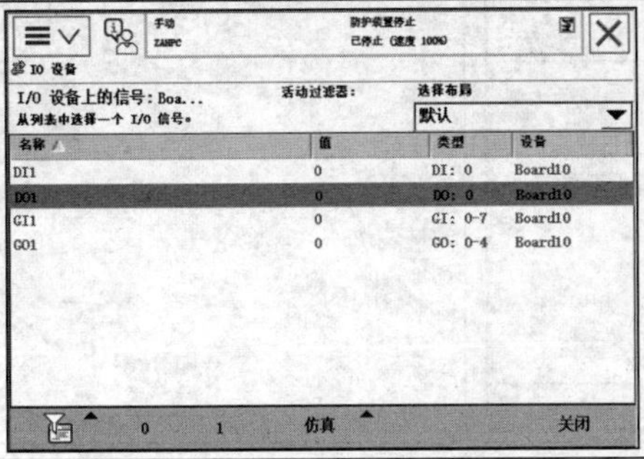	选中"DO1"信号

步骤	操作方法	操作提示
2		通过点击"1""0"对DO1的状态进行强制操作
3		也可对DO1的状态进行仿真操作,点击"仿真"按钮后,通过点击"1""0"对DO1的状态进行仿真操作
4		仿真结束后,点击上一步中的"消除仿真"按钮,DO1的值又恢复到初始值

3. 对GI1进行仿真操作

对GI1进行仿真操作的前3步与表2-7中的前3步步骤相同,其余步骤如表2-16所示。

表2-16　对GI1进行仿真操作的步骤

步骤	操作方法	操作提示
1		选中"GI1"信号,然后点击"仿真"按钮

续表

步骤	操作方法	操作提示
2	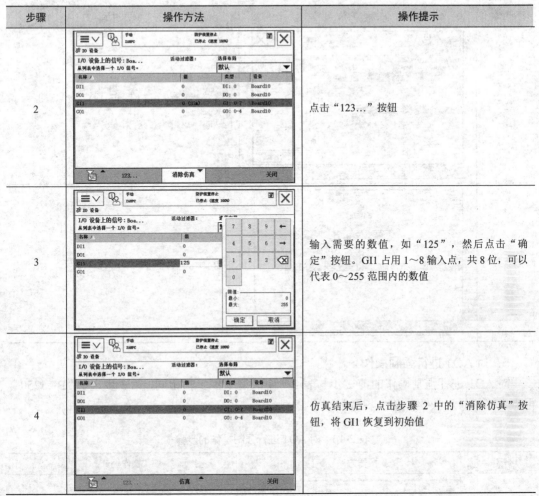	点击"123…"按钮
3		输入需要的数值，如"125"，然后点击"确定"按钮。GI1 占用 1～8 输入点，共 8 位，可以代表 0～255 范围内的数值
4		仿真结束后，点击步骤 2 中的"消除仿真"按钮，将 GI1 恢复到初始值

4．对 GO1 进行强制操作

对 GO1 进行强制操作的前 3 步与表 2-7 中的前 3 步步骤相同，其余步骤如表 2-17 所示。

表 2-17　对 GO1 进行强制操作的步骤

步骤	操作方法	操作提示
1		选中"GO1"，然后点击"123…"按钮

步骤	操作方法	操作提示
2	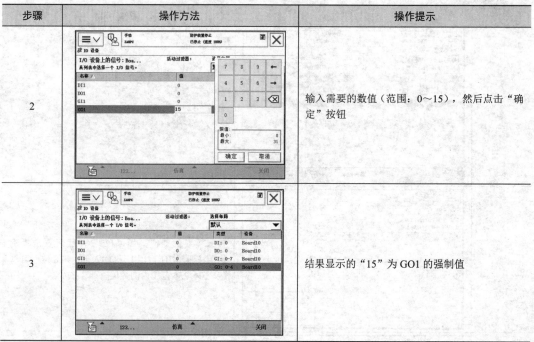	输入需要的数值（范围：0～15），然后点击"确定"按钮
3		结果显示的"15"为GO1的强制值

5. 对AO1进行强制操作

对AO1进行强制操作的前2步与表2-7中的前2步步骤相同，第3步选中"BK5250"，再点击"信号"按钮。其余步骤如表2-18所示。

表2-18 对AO1进行强制操作的步骤

步骤	操作方法	操作提示
1	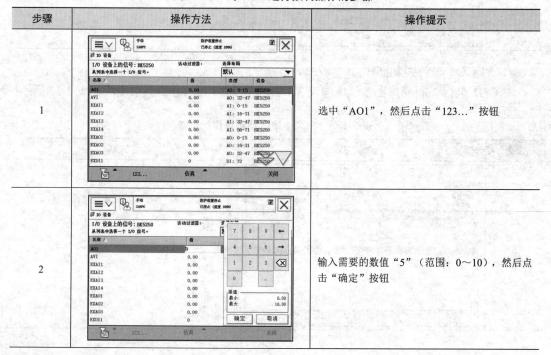	选中"AO1"，然后点击"123…"按钮
2		输入需要的数值"5"（范围：0～10），然后点击"确定"按钮

续表

步骤	操作方法	操作提示
3		结果显示的"5.00"为 AO1 的强制值

2.3.2　系统信号与 I/O 的关联

将数字输入信号（DI）与系统的控制信号关联起来（如表 2-19 所示），可以实现系统的自动控制，如外部 PLC 将信号输出给 ABB 工业机器人，作为工业机器人的输入信号，该信号与系统的控制信号关联后可以开启电机，启动程序的运行；另外系统的状态信号也可以与数字输出信号（DO）关联起来（如表 2-20 所示），可将系统的状态输出给外围设备，以作状态反馈。

表 2-19　建立系统输入"电机开启"与数字输入信号 DI1 关联的操作步骤

步骤	操作方法	操作提示
1		在 ABB 菜单界面点击"控制面板"菜单
2		在弹出的界面中，点击"配置"选项

续表

步骤	操作方法	操作提示
3		在弹出的界面中，点击"主题"并选择"I/O System"
4		在弹出的界面中选中"System Input"，点击"显示全部"按钮
5		在弹出的界面中点击"添加"按钮
6		点击"Signal Name"参数，选择"DI1"
7		双击"Action"参数

续表

步骤	操作方法	操作提示
8		在弹出的界面中，选择"Motors On"，然后点击"确定"按钮
9	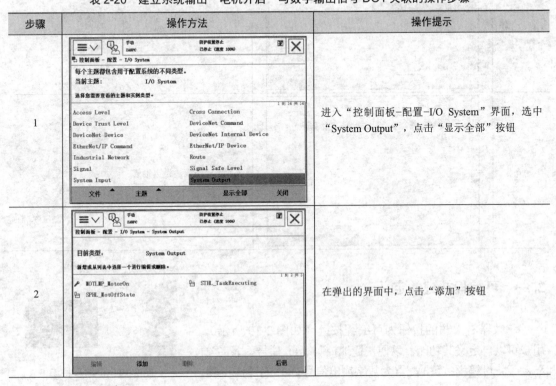	最后重启系统，设定生效

表 2-20　建立系统输出"电机开启"与数字输出信号 DO1 关联的操作步骤

步骤	操作方法	操作提示
1		进入"控制面板-配置-I/O System"界面，选中"System Output"，点击"显示全部"按钮
2		在弹出的界面中，点击"添加"按钮

续表

步骤	操作方法	操作提示
3	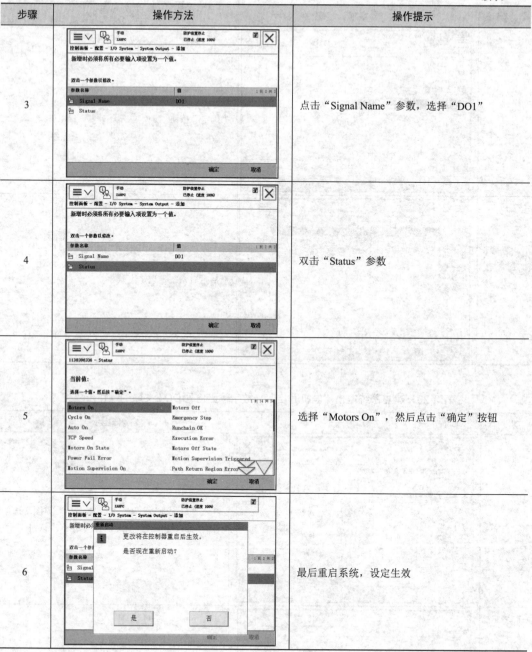	点击"Signal Name"参数，选择"DO1"
4		双击"Status"参数
5		选择"Motors On"，然后点击"确定"按钮
6		最后重启系统，设定生效

2.3.3 可编程按键的定义

示教器右上角的按钮为可编程按键（如图 2-19 所示），用户可以自定义其功能，以便快捷地控制 I/O 信号，表 2-21 显示了将可编程按键1配置为数字输出信号DO1的操作步骤。

图 2-19 可编程按键

表 2-21　将可编程按键 1 配置为数字输出信号 DO1 的操作步骤

步骤	操作方法	操作提示
1	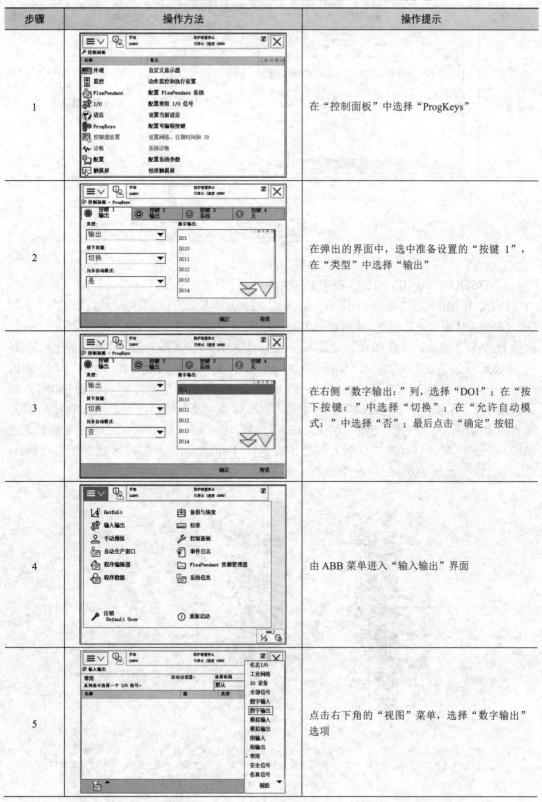	在"控制面板"中选择"ProgKeys"
2		在弹出的界面中，选中准备设置的"按键 1"，在"类型"中选择"输出"
3		在右侧"数字输出："列，选择"DO1"；在"按下按键："中选择"切换"；在"允许自动模式："中选择"否"；最后点击"确定"按钮
4		由 ABB 菜单进入"输入输出"界面
5		点击右下角的"视图"菜单，选择"数字输出"选项

续表

步骤	操作方法	操作提示
6		按下"可编程按键1"，DO1 的值将改变

模块拓展

1. DSQC 1030/1031/1033 数字 I/O 模块

DSQC 1030 [如图 2-20（a）所示] 是 ABB 工业机器人新的 I/O 基本模块，以取代原来的 DSQC 652 I/O 板，该模块基于 EtherNet/IP 总线，自身除完成与工业机器人控制器通信外，还提供 16 个数字输出接口与 16 个数字输入接口，DSQC 1030 基本模块最多连接 4 块附加装置。

DSQC 1031 为数字附加装置 [如图 2-20（b）所示]，有 16 个数字输入接口和 16 个数字输出接口，必须与 DSQC 1030 基本模块搭配使用。DSQC 1033 为继电器附加装置 [如图 2-20（c）所示]，有 8 个数字输入接口和 8 个数字输出（继电器）接口，也必须与 DSQC 1030 基本模块搭配使用。使用 DSQC 1030、DSQC 1031、DSQC 1033 等时，ABB 工业机器人无须额外配置选项。只有工业机器人需要连接其他 EtherNet/IP 设备，才需要配置"841-1 EtherNet/IP Scanner/Adapter"选项功能。

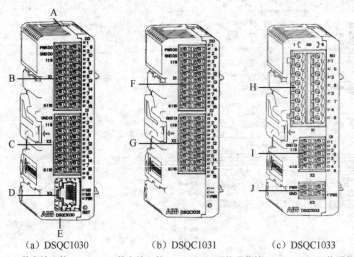

（a）DSQC1030　　（b）DSQC1031　　（c）DSQC1033

A—X4 电源接口；B—X1 数字输出接口；C—X2 数字输入接口；D—X3 网络通信接口；E—X5 网络通信接口；F—X1 数字输出接口；G—X2 数字输入接口；H—X1 数字输出接口（继电器）；I—X2 数字输入接口；J—X3 电源接口

图 2-20　DSQC 1030/1031/1033 数字 I/O 模块

2．DSQC 1032 模拟 I/O 模块

DSQC 1032 为模拟附加装置（如图 2-21 所示），有 4 个模拟输入端和 4 个模拟输出端，必须与 DSQC 1030 基本模块搭配使用。

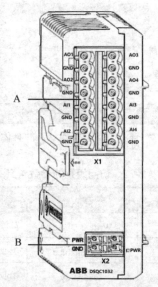

A—X1 模拟输入输出接口；B—X2 供电电源接口

图 2-21　DSQC 1032 模拟 I/O 模块

3．设置 I/O 信号的访问级别

工业机器人在配置信号时，可以设置访问级别（Access Level），表明该信号在什么情况下可以被修改。信号的默认访问级别为 Default（默认），如图 2-22 所示。

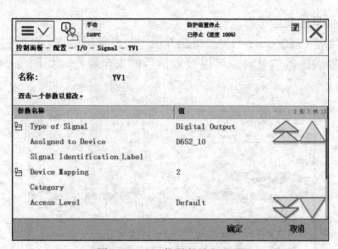

图 2-22　I/O 信号的访问级别

可以从"控制面板-配置-I/O-Access Level-Default"中查看访问级别的默认设置，如图 2-23 所示。访问级别的参数含义如表 2-22 所示，其中本地是指使用示教器。

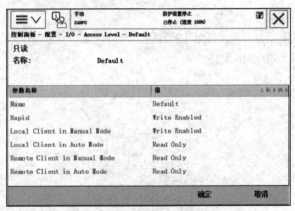

图 2-23　查阅访问级别为默认的具体设置

表 2-22　访问级别的参数含义

名称	默认	备注
Rapid	Write Enabled	可以通过 Rapid 程序控制
Local Client in Manual Mode	Write Enabled	工业机器人手动模式下本地可以控制
Local Client in Auto Mode	Read Only	工业机器人自动模式下本地只读
Remote Client in Manual Mode	Read Only	工业机器人手动模式下远程只读
Remote Client in Auto Mode	Read Only	工业机器人自动模式下远程只读

若想任何时候都可以访问该信号或修改信号值，可以将信号的访问级别属性值设置为 ALL。有些信号只能由系统内部控制，不允许其他任何访问，可以将访问级别设置为 Read Only。

4．设置 I/O 信号的安全级别

信号的安全级别（Safe Level）为系统在开机、关机及信号是否可以访问时对应信号的状态。为工业机器人配置信号时，可以设置信号的安全级别，如图 2-24 所示，默认为 DefaultSafeLevel。

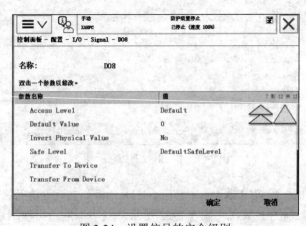

图 2-24　设置信号的安全级别

DefaultSafeLevel 的具体含义可以从"控制面板 – 配置 – I/O–Signal Safe Level–DefaultSafeLevel"中查看，如图 2-25 所示。默认安全级别的参数含义如表 2-23 所示。

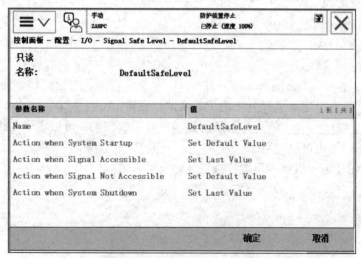

图 2-25　查阅默认安全级别的值

表 2-23　默认安全级别的参数含义

名称	默认安全级别	备注
Action when System Startup	Set Default Value	系统启动时设为默认值
Action when Signal Accessible	Set Last Value	信号可被访问时保持当前值
Action when Signal Not Accessible	Set Default Value	信号不可被访问时设为默认值
Action when System Shutdown	Set Last Value	系统关闭时保持当前值

有些信号特别注重安全性，可以将其安全级别选择为 SafetySafeLevel，区别在于此时信号可被访问时仍为默认值，其余相同。

课后习题

1．简述 ABB 工业机器人 I/O 通信的种类。

2．DSQC 651 板主要提供＿＿＿＿＿＿个数字输入，地址分配从＿＿＿＿＿＿开始；＿＿＿＿＿＿个数字输出，地址分配从＿＿＿＿＿＿开始；以及＿＿＿＿＿＿个模拟输出信号，地址分配从＿＿＿＿＿＿开始。

3．DSQC 652 板主要提供＿＿＿＿＿＿个数字输入，地址分配从＿＿＿＿＿＿开始；＿＿＿＿＿＿个数字输出信号，地址分配从＿＿＿＿＿＿开始。

4．DSQC 653 板主要提供＿＿＿＿＿＿个数字输入，＿＿＿＿＿＿个数字继电器输出信号的处理。

5．DSQC 377 板主要提供工业机器人输送链跟踪功能所需的_____与_____信号的处理。

6．简述 DSQC 652 板配置、I/O 信号配置的方法。

7．IRC5 Compact 控制柜内置了 DSQC 652 板卡，其中 XS12 和 XS13 为_____接口，XS14 和 XS15 为_____接口；XS16 为_____接口；XS17 为_____接口，默认的单元总线地址为_____。

8．BK5250 是用于 DeviceNet 的_____耦合器，具有自动检测通信波特率的功能，有_____个地址选择开关用于总线地址设定。

9．将数字_____信号与系统的控制信号关联起来，可以实现系统的自动控制；另外系统的状态信号也可以与数字_____信号关联起来，以作状态反馈。

10．简述 ABB 工业机器人可编程按键的定义过程。

3.1 创建 ABB 工业机器人程序

【学习目标】
- 掌握工业机器人程序的创建方法。
- 理解 RAPID 程序的基本架构。
- 理解 RAPID 程序数据的类型。
- 掌握 RAPID 常用程序数据的创建方法。
- 熟悉用户自定义程序数据类型的方法。
- 培育执着专注、精益求精、一丝不苟、追求卓越的工匠精神。

知识学习&能力训练

3.1.1 创建一个 ABB 工业机器人程序

ABB 工业机器人程序是用 RAPID 编程语言的特定词汇和语法编写的。RAPID 是一种工业机器人编程语言,所包含的指令可以移动工业机器人、读取输入、设置输出,还具有实现决策、重复其他指令、构造程序、与系统程序员交流等功能。创建一个 ABB 工业机器人程序的步骤如表 3-1 所示。

表 3-1 ABB 工业机器人程序的创建步骤

步骤	操作方法	操作提示
1		在 ABB 菜单界面点击"程序编辑器"菜单

步骤	操作方法	操作提示
2	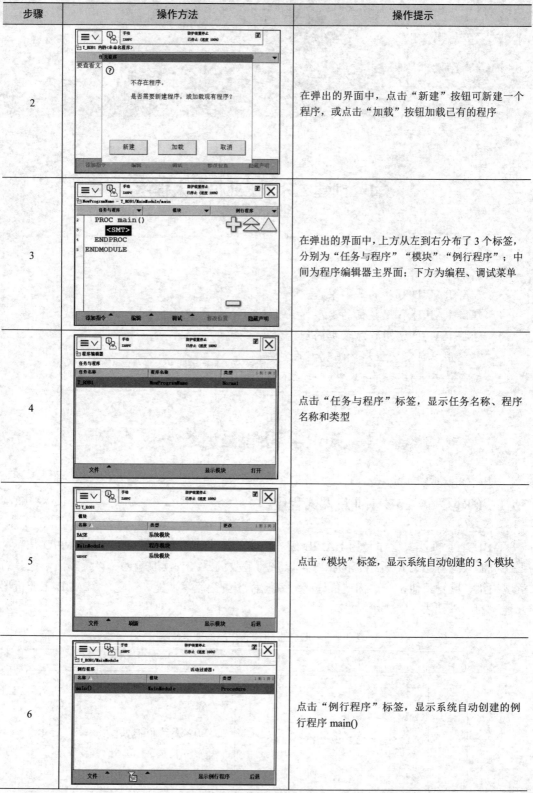	在弹出的界面中，点击"新建"按钮可新建一个程序，或点击"加载"按钮加载已有的程序
3		在弹出的界面中，上方从左到右分布了3个标签，分别为"任务与程序""模块""例行程序"；中间为程序编辑器主界面；下方为编程、调试菜单
4		点击"任务与程序"标签，显示任务名称、程序名称和类型
5		点击"模块"标签，显示系统自动创建的3个模块
6		点击"例行程序"标签，显示系统自动创建的例行程序 main()

续表

步骤	操作方法	操作提示
7		在"模块"界面中，点击左下角的"文件"菜单，可以新建模块、加载模块、另存模块为、更改声明或删除模块
8		在"例行程序"界面中，点击左下角的"文件"菜单，可以新建例行程序、复制例行程序、移动例行程序、更改声明、重命名或删除例行程序

3.1.2　RAPID 程序基本架构

RAPID 程序由程序模块、系统模块组成，其基本架构如图 3-1 所示。

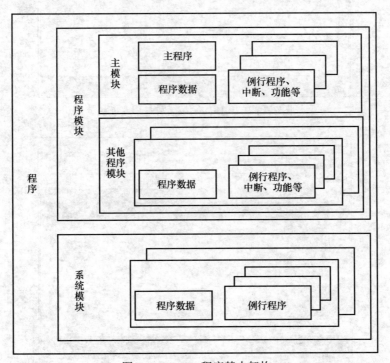

图 3-1　RAPID 程序基本架构

RAPID 程序基本架构说明如下。

① 程序用于执行整个任务，系统一般只能加载运行 1 个程序，多任务时可以前台任务、后台任务同时运行，因此购置工业机器人时要增加多任务（Multitasking）选项功能。例行程序是执行具体任务的程序，是编程的主要对象，是指令的载体；模块则是例行程序的管理结构，分为系统模块与程序模块两种，模块可以将例行程序按照需要进行分类和组织。

② 在创建程序时，系统自动生成 3 个模块，分别为 BASE、MainModule 和 user，如图 3-2 所示。其中 MainModule（主模块）为程序模块；BASE 与 user 为系统模块。系统模块用于系统方面的控制，被所有程序共用，一般将例行程序存放到程序模块中。除系统自动生成的主模块外，为了便于程序管理，用户可根据需要自行创建其他程序模块。

③ 在 MainModule 中，系统自动生成了例行程序 main()，如图 3-3 所示。例行程序 main() 是程序运行的入口，程序执行时从例行程序 main() 的首行开始运行。

④ 一个程序可以包含多个程序模块，一个程序模块可以包含多个例行程序，不同模块间的例行程序根据其定义的范围可互相调用。

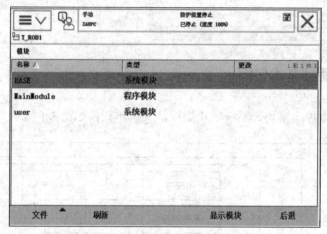

图 3-2　RAPID 的系统模块与程序模块

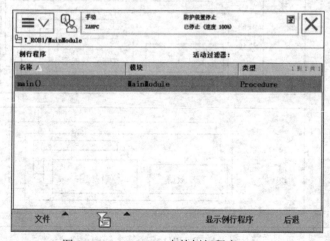

图 3-3　MainModule 中的例行程序 main()

3.1.3 RAPID 程序数据

RAPID 程序数据是在 RAPID 语言编程环境下定义的，用于存储不同的数据类型信息。RAPID 语言定义了上百种工业机器人可能用到的数据类型、存放编程需要的各种类型常量和变量。另外，RAPID 语言允许用户根据这些已定义好的数据类型，依照实际需求创建新的数据结构类型。

按照存储类型，RAPID 程序数据可分为变量（VAR）、可变量（PERS）和常量（CONTS）。变量在定义时可以被赋值，也可以不被赋值。

1．变量

变量在程序执行的过程中和程序停止时，保持当前的值。但程序指针被移到主程序后，数值就会丢失。在工业机器人执行的 RAPID 程序中，可以对变量进行赋值操作。

对变量的应用举例如下。

VAR num length：=0；名称为 length 的数值型数据，赋值为 0。

VAR string name：="John"；名称为 name 的字符串型数据，赋值为 John。

VAR bool finish：=FALSE；名称为 finish 的布尔型数据，赋值为 FALSE。

2．可变量

可变量最大的特点是无论程序的指针如何，都会保持最后被赋的值。

对可变量的应用举例如下。

PERS number:=1；名称为 number 的数值型数据。

PERS stringtest：="test"；名称为 test 的字符串型数据。

在工业机器人执行的 RAPID 程序中，也可以对可变量进行复制操作，在程序执行后，赋值的结果会一直保持，直到对其进行重新赋值。

3．常量

常量的特点是在定义时已被赋值，不能在程序中进行修改，除非手动修改。

对常量的应用举例如下。

CONST num gravity:=9.81；名称为 gravity 的数值型数据。

CONST string gravity:="hello"；名称为 gravity 的字符串型数据。

4．常用的 RAPID 数据类型

根据不同的数据用途，可定义不同的数据类型，表 3-2 所示为 ABB 工业机器人系统中常用的 RAPID 数据类型。

表 3-2 常用的 RAPID 数据类型

序号	数据类型	类型说明	序号	数据类型	类型说明
1	bool	布尔型	5	extjoint	外部轴位置数据
2	byte	字节型，取值范围为 0～255	6	intnum	中断标识符
3	clock	计时数据	7	jointtarget	关节位置
4	dionum	数字输入输出信号	8	loaddata	有效载荷数据

序号	数据类型	类型说明	序号	数据类型	类型说明
9	robtarget	工业机器人与外部轴的位置姿态数据	15	speeddata	工业机器人与外部轴的速度数据
10	num	数值型	16	string	字符串型
11	orient	姿态数据	17	tooldata	工具数据
12	pos	位置数据（只有X、Y和Z）	18	trapdata	中断数据
13	pose	工业机器人轴角度数据	19	wobjdata	工件坐标数据
14	robjoint	工业机器人与外部轴的位置数据	20	zonedata	TCP 转弯半径数据

5. 程序数据的创建

下面分别介绍通过"程序数据"菜单创建数值型程序数据、字节型一维数组数据、关节位置数据、工具数据、工件坐标数据与有效载荷数据的方法；其中"工具数据、工件坐标数据与有效载荷数据"等程序数据也可进入"手动操纵"界面后创建。

（1）数值型程序数据的创建（如表 3-3 所示）

表 3-3　数值型程序数据的创建步骤

步骤	操作方法	操作提示
1		在 ABB 菜单界面点击"程序数据"菜单
2		在弹出的界面中，选中"num"数据类型，点击"显示数据"按钮
3		在弹出的界面中点击"新建…"按钮

步骤	操作方法	操作提示
4	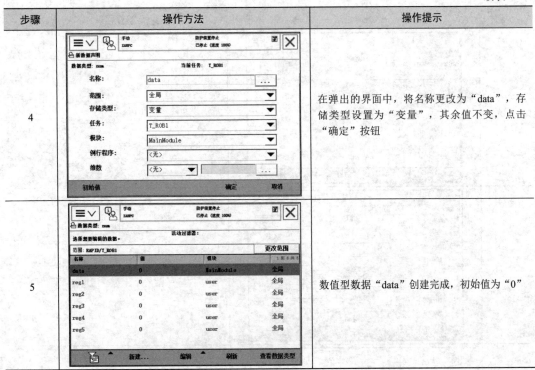	在弹出的界面中，将名称更改为"data"，存储类型设置为"变量"，其余值不变，点击"确定"按钮
5		数值型数据"data"创建完成，初始值为"0"

（2）字节型一维数组数据的创建（如表 3-4 所示）

表 3-4　字节型一维数组数据的创建步骤

步骤	操作方法	操作提示
1		进入"程序数据-已用数据类型"界面，由于未定义过字节型程序数据，列表中没有显示该数据类型，故需要点击右下角的"视图"菜单，选择"全部数据类型"选项
2		在弹出的界面中，选中列表中的"byte"数据类型，点击"显示数据"按钮

续表

步骤	操作方法	操作提示
3	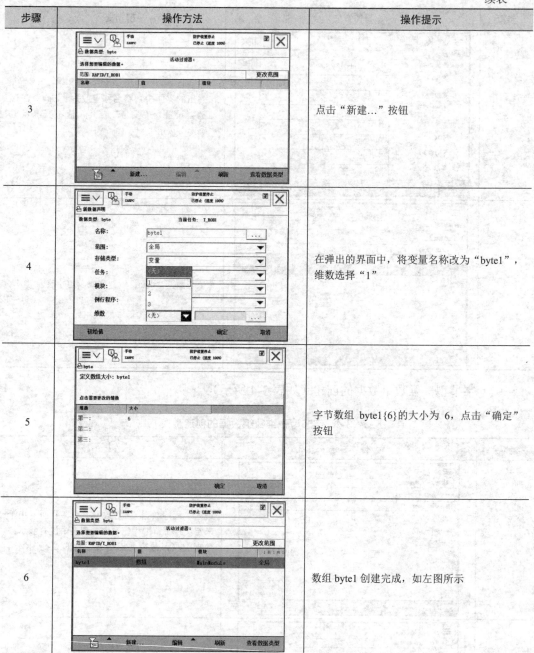	点击"新建…"按钮
4		在弹出的界面中，将变量名称改为"byte1"，维数选择"1"
5		字节数组 byte1{6}的大小为 6，点击"确定"按钮
6		数组 byte1 创建完成，如左图所示

（3）关节位置数据的创建（如表 3-5 所示）

（4）工具数据的创建

工具数据是工业机器人系统用于描述工具的 TCP（工具中心点）、质量、重心等参数的数据，其数据结构包含 robhold、tframe、trans、rot、tload、mass、cog、aom、ix/iy/iz 等 9 类参数。默认的 TCP 位于轴 6 法兰盘的中心，建立工具数据（工具标定）后，TCP 偏置到了新的位置，如图 3-4 所示。

表 3-5　关节位置数据的创建步骤

步骤	操作方法	操作提示
1	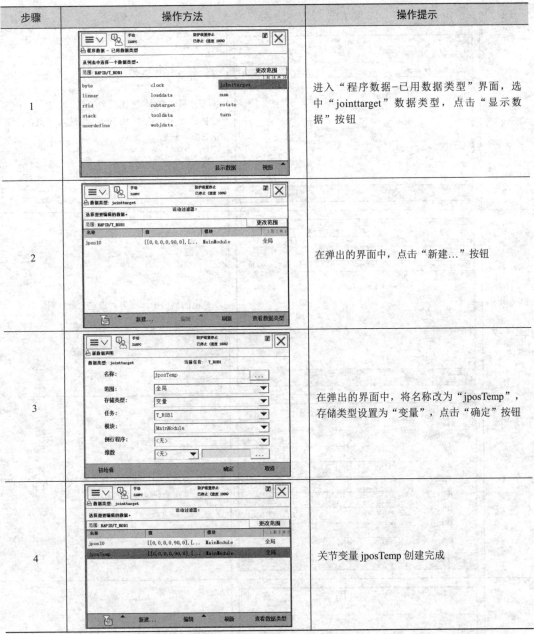	进入"程序数据-已用数据类型"界面，选中"jointtarget"数据类型，点击"显示数据"按钮
2		在弹出的界面中，点击"新建…"按钮
3		在弹出的界面中，将名称改为"jposTemp"，存储类型设置为"变量"，点击"确定"按钮
4		关节变量 jposTemp 创建完成

　　工具数据的定义需要根据实际情况选择合适的方法和点数。常用的标定工具坐标系的方法有 TCP 的默认方向法（4点法）、"TCP 和 Z"方法（5 点法）和"TCP 和 Z、X"方法（6 点法）。其中 4 点法不改变 tool0（默认工具坐标系）的坐标方向，5 点法改变 tool0 的 Z 方向，而 6 点法则改变 tool0 的 X 和 Z 方向，Y 方向则由右手定则确定。下面以 5 点法为例介绍工具数据的创建步骤，如表 3-6 所示。

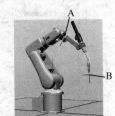

A—默认的 TCP；B—标定后的 TCP

图 3-4　工具坐标系

表 3-6　工具数据的创建步骤

步骤	操作方法	操作提示
1		进入"程序数据–已用数据类型"界面,在程序数据界面中,选中"tooldata"选项,点击"显示数据"按钮
2		在弹出的界面中,点击"新建…"按钮
3		在弹出的界面中,将新工具名称改为"tool1",点击左下角的"初始值"按钮
4		根据实际情况设定工具的质量(mass,单位为 kg)与重心位置数据,然后点击"确定"按钮返回工具数据界面

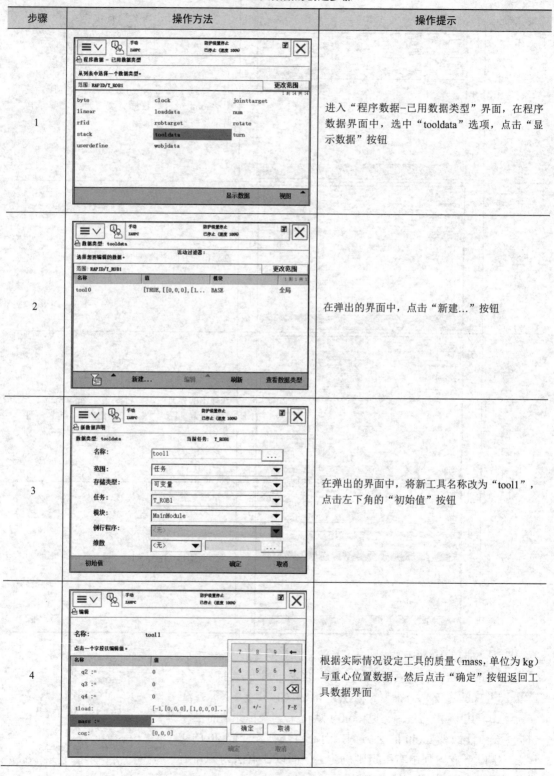

步骤	操作方法	操作提示
5	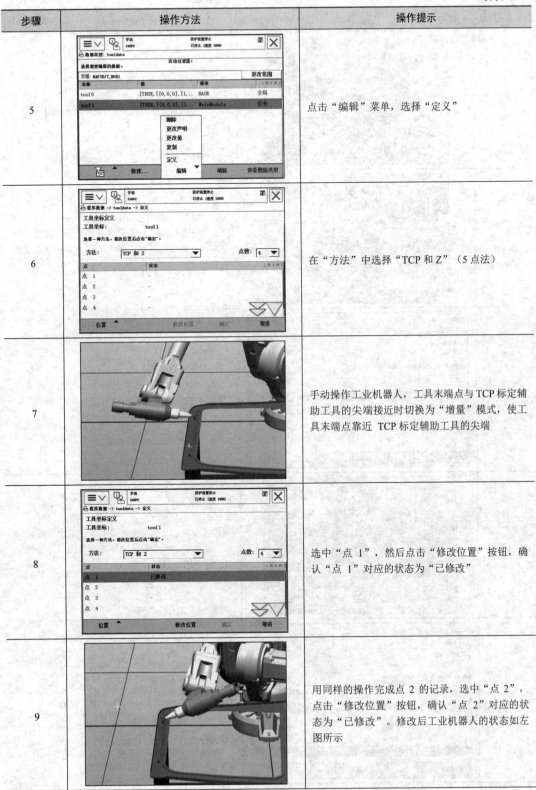	点击"编辑"菜单，选择"定义"
6		在"方法"中选择"TCP 和 Z"（5 点法）
7		手动操作工业机器人，工具末端点与 TCP 标定辅助工具的尖端接近时切换为"增量"模式，使工具末端点靠近 TCP 标定辅助工具的尖端
8		选中"点 1"，然后点击"修改位置"按钮，确认"点 1"对应的状态为"已修改"
9		用同样的操作完成点 2 的记录，选中"点 2"，点击"修改位置"按钮，确认"点 2"对应的状态为"已修改"。修改后工业机器人的状态如左图所示

步骤	操作方法	操作提示
10		用同样的操作完成点 3 的记录，选中"点 3"，点击"修改位置"按钮，确认"点 3"对应的状态为"已修改"。修改后工业机器人的状态如左图所示
11	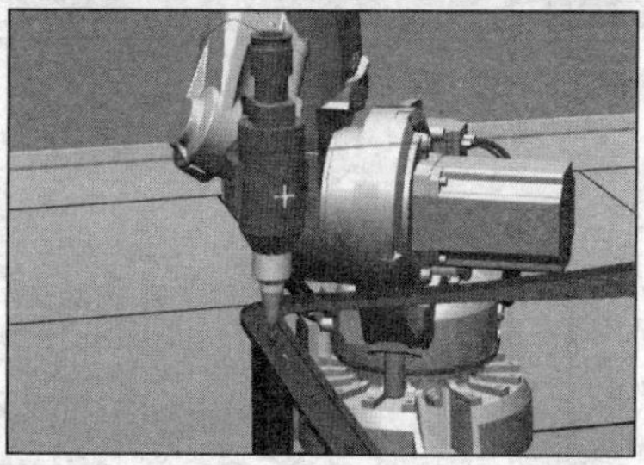	用同样的操作完成点 4 的记录，选中"点 4"，点击"修改位置"按钮，确认"点 4"对应的状态为"已修改"。修改后工业机器人的状态如左图所示
12	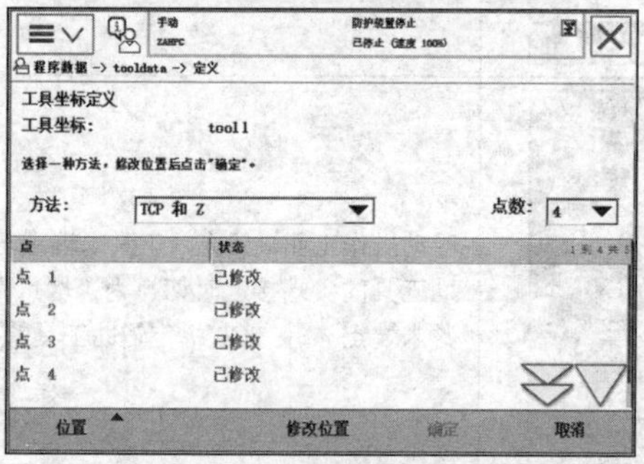	1、2、3、4 各点之间的位姿差异要尽可能大。4 个点对应的状态均显示"已修改"
13	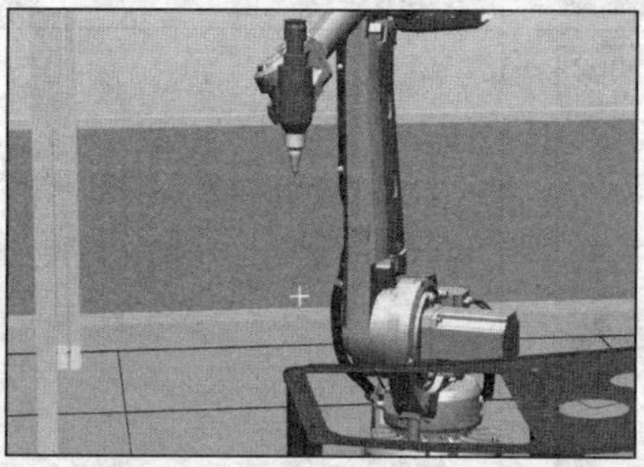	工具以点 4 的姿态移至辅助标定工具上方，记录延伸器点 Z，该点与辅助标定工具尖点连线为工具坐标系的 Z 轴
14	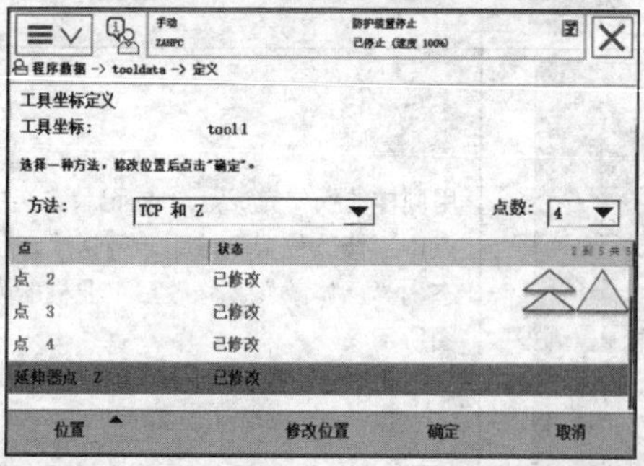	所有点记录完成后，点击"确定"按钮

续表

步骤	操作方法	操作提示
15	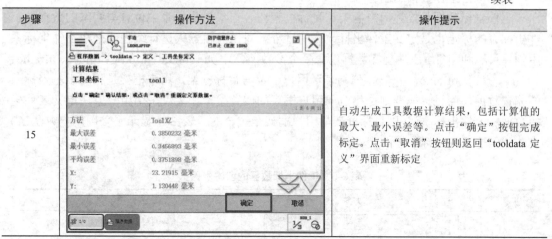	自动生成工具数据计算结果,包括计算值的最大、最小误差等。点击"确定"按钮完成标定。点击"取消"按钮则返回"tooldata 定义"界面重新标定

工具数据创建并标定完成后,需要验证工具数据的准确性(如表 3-7 所示)。

表 3-7　验证标定的工具数据的准确性的步骤

步骤	操作方法	操作提示
1	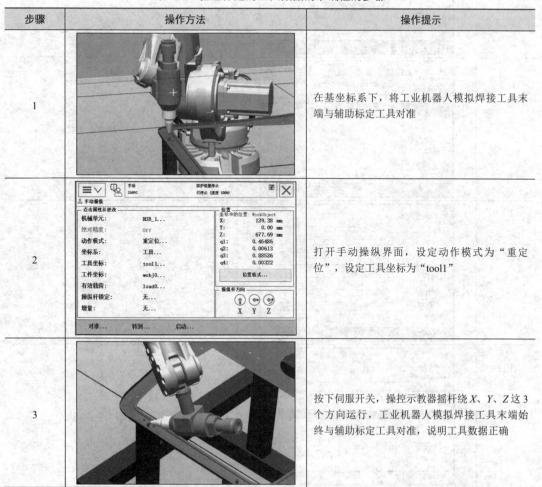	在基坐标系下,将工业机器人模拟焊接工具末端与辅助标定工具对准
2		打开手动操纵界面,设定动作模式为"重定位",设定工具坐标为"tool1"
3		按下伺服开关,操控示教器摇杆绕 X、Y、Z 这 3 个方向运行,工业机器人模拟焊接工具末端始终与辅助标定工具对准,说明工具数据正确

（5）工件坐标数据的创建

工件坐标数据是描述用户框架、目标框架在各自参考坐标系中位置与姿态的数据，工件坐标系的标定也是定义工件坐标数据的过程。对工业机器人进行编程就是在工件坐标系中创建目标和路径。工件坐标数据包含多个参数（组），如 robhold、ufprog、ufmec、uframe、oframe，其中 uframe、oframe 分别表示用户框架与目标框架，用户框架是相对于基坐标系的偏置数据，而目标框架则是相对于用户框架的偏置量，如果仅采用用户方法定义工件坐标数据（工件坐标系），则目标框架与用户框架是重合的。表 3-8 显示了采用用户方法（3 点法）创建工件坐标数据的步骤。

表 3-8　工件坐标数据的创建步骤

步骤	操作方法	操作提示
1	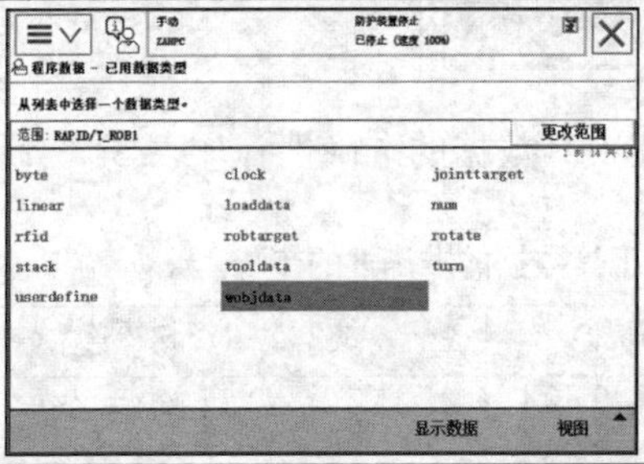	在程序数据界面中，选中"wobjdata"，点击"显示数据"按钮
2	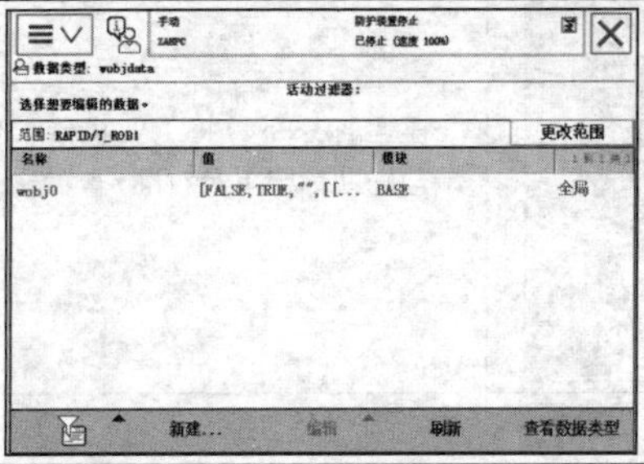	在弹出的界面中，点击"新建…"按钮
3	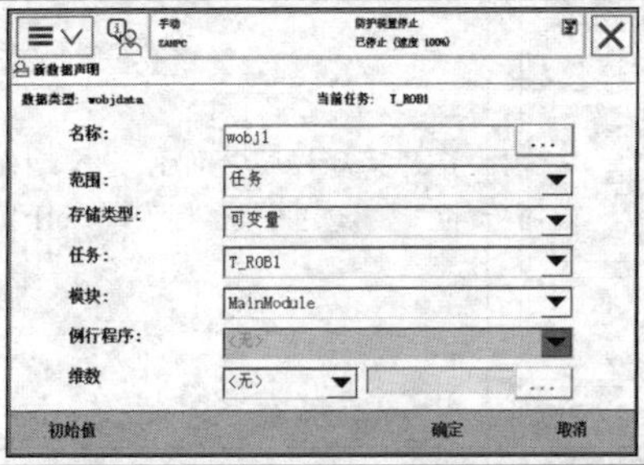	在弹出的界面中，将新工具名称改为"wobj1"，点击"确定"按钮
4	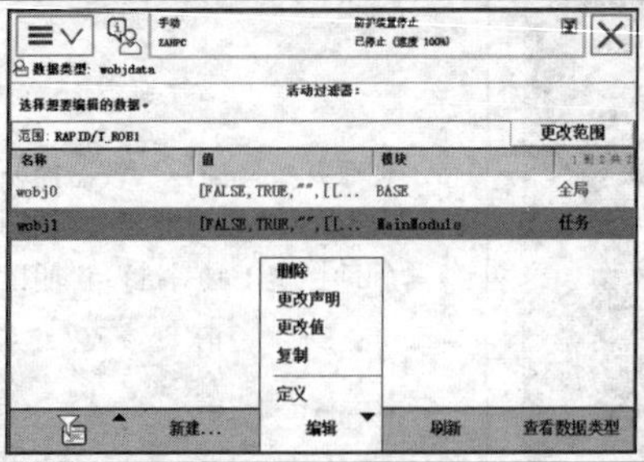	点击"编辑"菜单，选择"定义"选项

续表

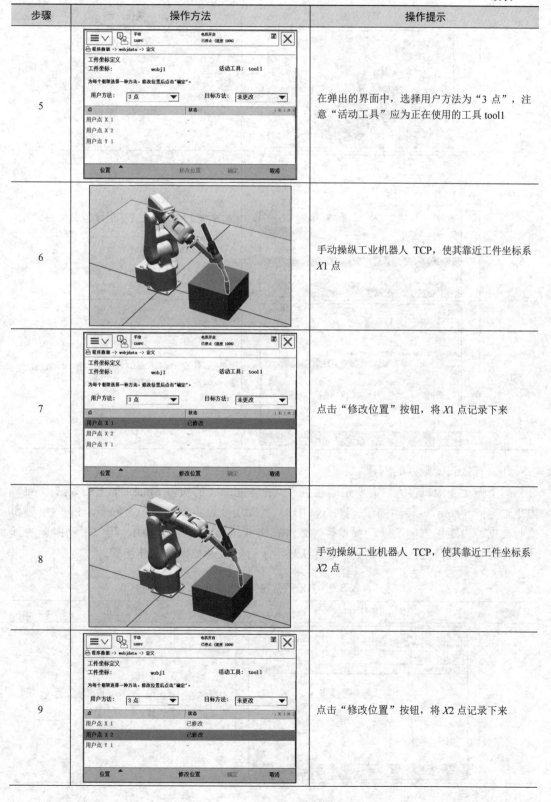

步骤	操作方法	操作提示
5		在弹出的界面中，选择用户方法为"3 点"，注意"活动工具"应为正在使用的工具 tool1
6		手动操纵工业机器人 TCP，使其靠近工件坐标系 $X1$ 点
7		点击"修改位置"按钮，将 $X1$ 点记录下来
8		手动操纵工业机器人 TCP，使其靠近工件坐标系 $X2$ 点
9		点击"修改位置"按钮，将 $X2$ 点记录下来

续表

步骤	操作方法	操作提示
10	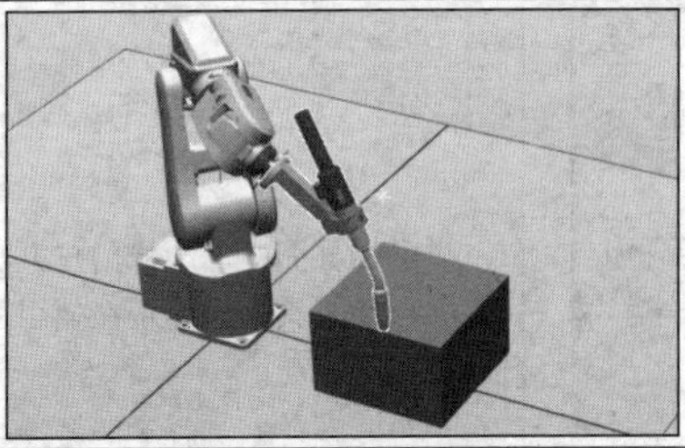	手动操纵工业机器人 TCP，使其靠近工件坐标系 Y1 点
11	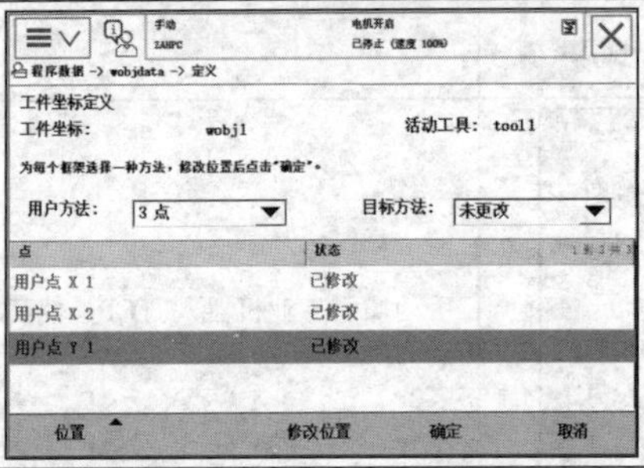	点击"修改位置"按钮，将 Y1 点记录下来，然后点击"确定"按钮，完成 3 点位置的设定
12	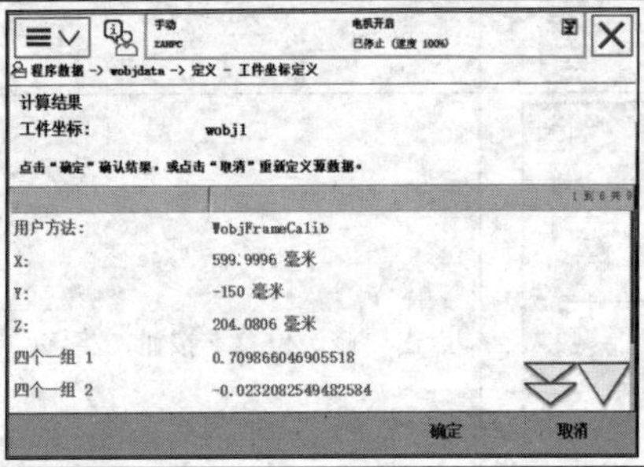	在计算结果界面上点击"确定"按钮，完成工件坐标系 wobj1 的创建

（6）有效载荷数据的创建

对于搬运工业机器人，需要正确设置夹具（tooldata）的质量（mass）、重心数据（cog）、力矩轴方向（aom）、转动惯量（ix、iy、iz）；另外还要设定搬运对象（loaddata）的质量和重心数据、力矩轴方向、转动惯量等参数。在工业机器人运行过程中，可以根据搬运的具体情况对有效载荷进行实时调整。表 3-9 显示了有效载荷数据的创建步骤。

表 3-9　有效载荷数据的创建步骤

步骤	操作方法	操作提示
1	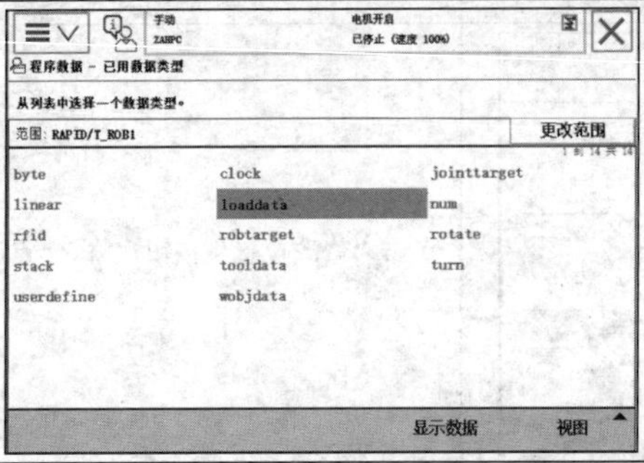	在程序数据界面中，选中"loaddata"，点击"显示数据"按钮

步骤	操作方法	操作提示
2		在弹出的界面中，点击"新建…"按钮
3		在新数据声明界面中，对有效载荷数据属性进行设定，点击"初始值"按钮
4		根据实际情况对有效载荷的数据进行设定，设定完成后点击"确定"按钮

3.1.4　用户自定义数据类型

ABB 工业机器人支持用户创建自定义的数据类型，但需要在模块前面使用关键字 RECORD 和 ENDRECORD。例如，在工业机器人变位机控制中用到了用户自定义的数据类型"turn"，类似于 C 语言中的结构。另外定义了"turncon""turnstate"分别表示变位机运行指令与运行状态数据，turncon 和 turnstate 下有 3 个数据成员，分别为命令（command）、位置（position）与速度（speed）。turncon、turnstate 为可变量，主要用于实现前台任务与后台任务间的数据通信。

（1）用户数据类型的自定义

在前台系统模块 Communicate 中的数据定义如下。

```
MODULE Communicate(SYSMODULE)
    RECORD turn
        num command;
        num position;
```

```
        num speed;
    ENDRECORD
     …
    PERS turn turncon:=[0,0,0];
    PERS turn turnstate:=[0,0,0];
     …
ENDMODULE
```

后台负责通信的任务需要重复上述定义才能确保后台与外围设备（如伺服驱动器、PLC、智能相机等）通信时采集到的数据与前台程序共享。

（2）用户在前台程序模块中的调用

用户在前台程序模块中可以直接调用自定义的数据类型，程序如下。

```
turncon.command := 3;          //变位机伺服使能
turncon.position := -20;        //变位机转角为-20°
turncon.speed := 30;           //变位机运行速度为最大转速的30%
WaitUntil turnstate.position = -20;        //等待变位机角度状态为-20°
```

上述程序的执行结果将控制变位机转动-20°（面向工业机器人一侧）。

3.2 ABB工业机器人常用编程指令

【学习目标】
- 掌握赋值指令的编程方法。
- 掌握常用运动指令的特点与编程方法。
- 掌握常见I/O控制指令的编程方法。
- 掌握逻辑判断指令的编程方法。
- 掌握其他类型指令的编程方法。
- 培育求实精神。

知识学习&能力训练

ABB工业机器人提供了多种编程指令，可以完成工业机器人在搬运、码垛、焊接等方面的操作。

3.2.1 赋值指令

赋值指令（:=）用于对程序数据进行赋值，赋值对象可以是常量或数学表达式。程序数据不一定是数值型数据，可以是其他任意数据类型，但开始时系统默认为数值类型，用户可以将其更改为其他数据类型。表 3-10 显示了"data：=data + 10"表达式的添加操作。表 3-11 显示了将关节型位置常量 jpos10 赋值给关节型位置变量 jposTemp 的赋值指令添加操作。

表 3-10　添加带数学表达式的赋值指令的操作步骤

步骤	操作方法	操作提示
1		在程序编辑器界面，点击"添加指令"按钮，在右侧指令列表中选择"：="
2		点击"更改数据类型…"按钮
3		选择"num"选项，并点击"确定"按钮
4		选中所要赋值的数据"data"

续表

步骤	操作方法	操作提示
5		选中"<EXP>"，并打开"编辑"菜单，选择"仅限选定内容"
6		在编辑框内输入"data+10"，并点击"确定"按钮
7		返回插入表达式界面，检查表达式，再点击"确定"按钮
8		在出现的"添加指令"界面中，选择指令待插入的位置，此处点击"下方"按钮
9		显示指令添加成功界面

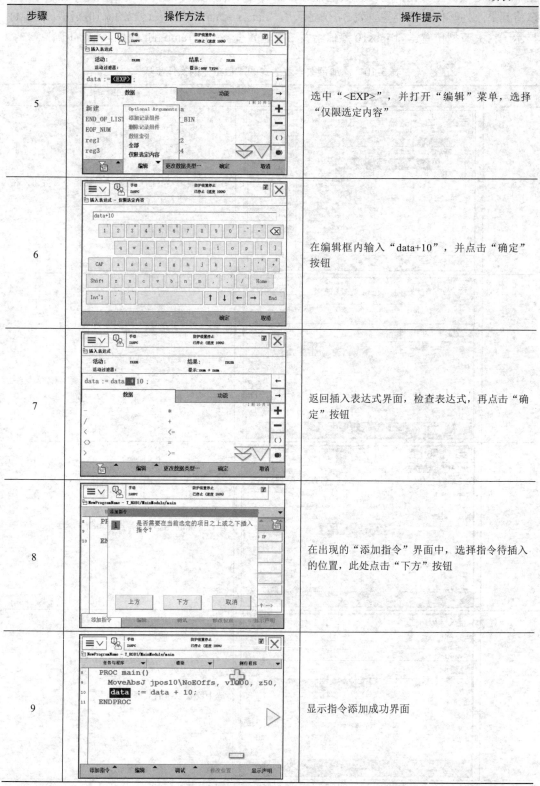

表 3-11　添加关节型位置赋值指令的操作步骤

步骤	操作方法	操作提示
1		在程序编辑器界面，添加"：="指令后，点击"更改数据类型…"按钮
2		在弹出的界面中，选择"jointtarget"选项，并点击"确定"按钮
3		在左侧选中要赋值的位置变量"jposTemp"
4		选中上一步骤右侧的"<EXP>"，再点击位置常量"jpos10"，并点击"确定"按钮
5		选择指令待插入的位置后，赋值语句被添加到相应位置

3.2.2 常用运动指令

ABB 工业机器人的基本运动指令如表 3-12 所示，其中最常用的运动指令有关节运动、绝对位置运动、直线运动、圆弧运动等。

表 3-12　ABB 工业机器人的基本运动指令

序号	指令	功能描述
1	MoveJ	通过关节运动来移动机械臂
2	MoveAbsJ	将关节轴移动到绝对位置（角度）
3	MoveL	使 TCP 沿直线移动
4	MoveC	使 TCP 沿圆弧移动
5	MoveExtJ	使外轴沿直线运动或旋转外轴
6	MoveJDO	通过关节运动来移动机械臂，并在拐角处设置数字信号输出
7	MoveLDO	使 TCP 沿直线运动，并在拐角处设置数字信号输出
8	MoveCDO	使 TCP 沿圆弧运动，并在拐角处设置数字信号输出
9	MoveJSync	通过关节运动来移动机械臂，并执行一个无返回值的 RAPID 程序
10	MoveLSync	使 TCP 沿直线运动，并执行一个无返回值的 RAPID 程序
11	MoveCSync	使 TCP 沿圆弧运动，并执行一个无返回值的 RAPID 程序

1．关节运动（MoveJ）指令

MoveJ 指令又被称为空间点运动指令，该指令表示工业机器人（TCP）将进行点到点的运动，如 p10 到 p20（如图 3-5 所示），运动期间各关节均以恒定轴速率运动，并且所有关节均同时到达目标位置。在运动过程中，各轴运动形成的轨迹在绝大多数情况下是非线性的。

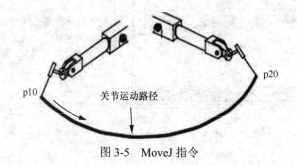

图 3-5　MoveJ 指令

MoveJ 指令的程序格式如下，其指令参数说明如表 3-13 所示。

```
MoveJ p20, v1000, z50, tool1\WObj:=wobj1;
```

关节运动指令适合工业机器人进行大范围运动时使用，不容易在运动过程中出现关节轴进入机械死点问题。表 3-14 显示了添加 MoveJ 指令的操作步骤。

表 3-13 MoveJ 指令参数说明

序号	参数	含义说明
1	p20	目标点位置姿态数据，数据类型为 robtarget
2	v1000	运动速度，单位为 mm/s
3	z50	转弯区数据，单位为 mm
4	tool1	工具坐标数据，定义当前指令使用的工具，数据类型为 tooldata
5	wobj1	工件坐标数据，定义当前使用的工件坐标系，数据类型为 wobjdata

表 3-14 添加 MoveJ 指令的操作步骤

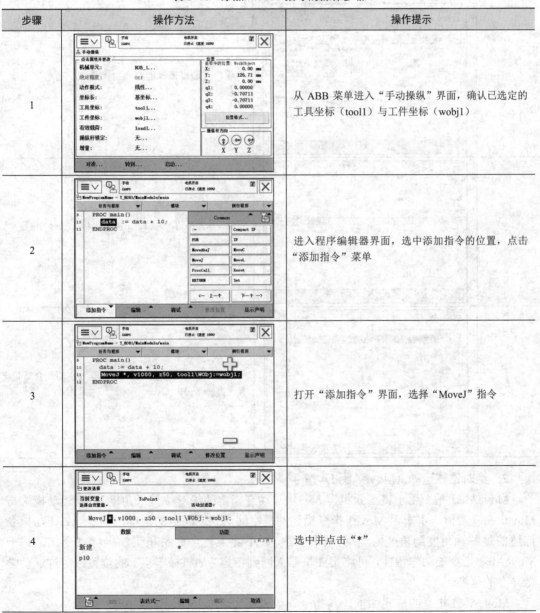

步骤	操作方法	操作提示
1		从 ABB 菜单进入"手动操纵"界面，确认已选定的工具坐标（tool1）与工件坐标（wobj1）
2		进入程序编辑器界面，选中添加指令的位置，点击"添加指令"菜单
3		打开"添加指令"界面，选择"MoveJ"指令
4		选中并点击"*"

续表

步骤	操作方法	操作提示
5	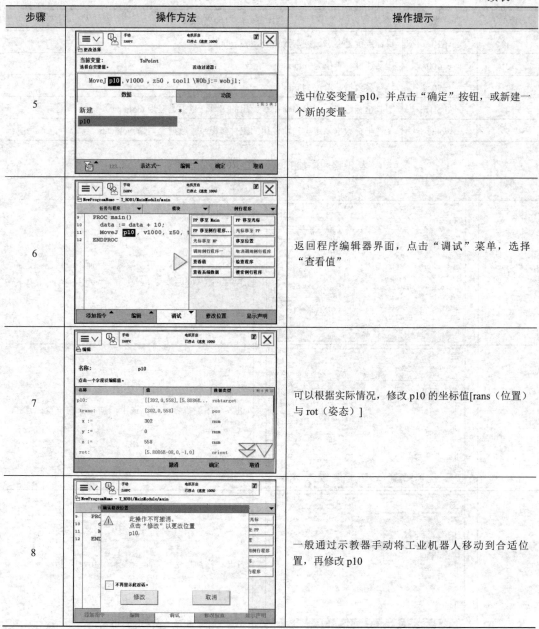	选中位姿变量 p10，并点击"确定"按钮，或新建一个新的变量
6		返回程序编辑器界面，点击"调试"菜单，选择"查看值"
7		可以根据实际情况，修改 p10 的坐标值[rans（位置）与 rot（姿态）]
8		一般通过示教器手动将工业机器人移动到合适位置，再修改 p10

2. 绝对位置运动（MoveAbsJ）指令

MoveAbsJ 指令用于将工业机器人各轴移动至指定的绝对位置（角度），其运动模式与 MoveJ 指令类似。本质上 MoveJ 指令描述的是空间点到空间点的运动，而 MoveAbsJ 指令描述的是各轴角度到角度的运动，因此其位置不随工具坐标系和工件坐标系变化。基于 MoveAbsJ 指令的动作特性，可将工业机器人回到特定（如机械零点）的位置或经过运动学奇异点的位姿。

MoveAbsJ 指令的格式如下，其指令参数说明如表 3-15 所示。

```
MoveAbsJ jpos10\NoEOffs, v1000, z50, tool1\WObj:=wobj1;
```

表 3-15　MoveAbsJ 指令的参数说明

序号	参数	含义说明
1	jpos10	目标点名称、位置数据，类型为 jointtarget，与其他指令不同
2	\NoEOffs	不带外轴偏移数据

3. 直线运动（MoveL）指令

MoveL 指令用于将工业机器人末端点沿直线移动至目标位置，当指令目标位置不变时也可用于调整工具姿态，如图 3-6 所示。

如果达不到关于调整姿态或外轴的编程速率，就会降低 TCP 的速率。一般在对轨迹要求高的场合使用此指令。但要注意，空间直线距离不宜太远，否则容易到达工业机器人的轴限位或奇异点。

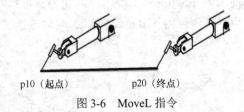

p10（起点）　　　p20（终点）

图 3-6　MoveL 指令

运动过程中要遵循以下两个规则。

① 以恒定编程速率，沿直线移动工具的 TCP。

② 以相等的间隔，沿路径调整工具方位。

MoveL 指令的格式如下。

```
MoveL p20, v1000, fine, tool1\WObj:=wobj1;
```

其中 fine 参数决定了 TCP 将精确运动到终点 p20，并在此处速度降为零，其他参数说明详见表 3-13。

4. 圆弧运动（MoveC）指令

MoveC 指令用于将 TCP 沿圆周移动至目的地。在移动期间，该周期的方位通常相对保持不变。图 3-7 所示显示了如何通过两个 MoveC 指令，完成一个完整的圆周运动。

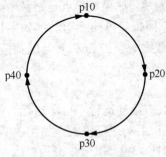

图 3-7　MoveC 指令

程序如下。

```
MoveL p10,v500,fine,tool1;          //ABB 工业机器人以直线运动方式到达圆弧起点
MoveC p20,p30,v500,z20,tool1;       //ABB 工业机器人以 p10→p20→p30 运行圆弧轨迹
```

```
MoveC p40,p10,v500,fine,tool1;    //ABB 工业机器人以 p30→p40→p10 运行圆弧轨迹
```

其中点 p20、点 p40 分别为第 1 段与第 2 段圆弧的中间点，用于定义圆弧的曲率；点 p10 既是第 1 段圆弧的起点也是第 2 段圆弧的终点；点 p30 既是第 1 段圆弧的终点也是第 2 段圆弧的起点。程序中点 p10～p40 的数据类型均为 robtarget。

5. 运动程序例程

（1）编程要求

如图 3-8 所示，工业机器人的 TCP 首先从当前位置点 p0 向目标位置点 p1 以直线运动方式前进，速度为 200 mm/s，转弯区数据为 10 mm；接着向目标点 p2 以直线方式运动，速度为 100 mm/s，要求工业机器人能够在点 p2 稍作停顿；最后以关节运动方式到达目标点 p3，速度为 500 mm/s。以上运动过程使用的工具数据为 tool1，工件坐标系数据为 wobj1。

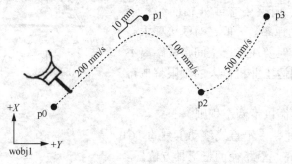

图 3-8　TCP 运行轨迹

（2）程序代码

```
MoveL p1, v200, z10, tool1\WObj:=wobj1;
MoveL p2, v100, fine, tool1\WObj:=wobj1;
MoveJ p3, v500, fine, tool1\WObj:=wobj1;
```

一般运动速度最高为 50000 mm/s，在手动限速状态下，所有的运动速度被限制在 250 mm/s。转弯区数据为 fine，是指工业机器人 TCP 到达目标点后速度降为零。如果目标点是路径中间的某一点，则工业机器人在该处稍作停顿后再向下运动；如果目标点是路径的最后一个点，则转弯区数据必须为 fine。转弯区数值越大，工业机器人的动作路径就越圆滑、流畅。

图 3-9　手动运行模式

（3）运行程序

ABB 工业机器人的运行模式有手动运行、自动运行、外部自动运行 3 种方式。程序调试时采用手动运行模式，如图 3-9 所示。

在程序编辑器界面，程序指针（PP）以箭头形式显示在程序行序号位置，程序运行时将从 PP 位置执行。程序指针的设置有 3 种方式，分别为 PP 移至 Main、PP 移至光标和 PP 移至例行程序，如图 3-10 所示。

调试时将程序指针移至指定位置后，按下示教器使能键，再按"步进按钮"单步调试或按"启动按钮"运行程序，一旦松开使能按键，工业机器人将立即停止运行。

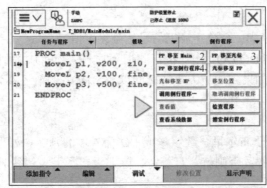

1—程序指针；2—PP 移至 Main；3—PP 移至光标；4—PP 移至例行程序

图 3-10　程序指针

3.2.3　I/O 控制指令

I/O 控制指令用于控制 I/O 信号，以实现与工业机器人周边设备通信的目的。常见的 I/O
控制指令有 Set（SetDO）、Reset、WaitDI、WaitDO、WaitUntil 等。

1. Set 指令

Set 指令的参数是信号名称，不是通道编号；它所对应的物理通道编号是在信号配置时
设置的。执行 Set 指令后，在信号获得其新值之前，存在短暂延迟。如果对信号时序有精
确要求，需要继续执行程序直至信号已获得其新值，则可以使用 SetDO 指令及可选参数
"\Sync"。信号的真实值取决于其配置，如果在系统参数中需要反转信号，则 Set 指令将物
理通道设置为零。

例如，将数字输出信号 DO1 置位，可以编写 Set DO1；也可以编写 SetDO DO1, 1；

2. Reset 指令

Reset 指令用于将数字输出信号的值重置为 0。Reset 指令的功能与 Set 指令的功能相反，
通常配对使用。与 Set 指令相同，Reset 指令也只有一个参数，是操作的输出信号，并且只
是信号的名称，具体对应的物理通道在信号配置中。

例如，将数字输出信号 DO1 复位，可以编写 Reset DO1；也可以编写 SetDO DO1, 0；

3. WaitDI 指令

WaitDI 指令用于等待一个数字输入信号达到设定值。WaitDI 指令及其参数说明如
表 3-16 所示。

表 3-16　WaitDI 指令及其参数说明

指令及其参数	指令：WaitDI Signal,Value;	
	参数：Signal	数字量输入信号名称
	参数：Value	信号值为 0 或 1
程序及说明	程序：WaitDI DI1,1;	
	说明：等待输入信号 DI1 置为 1，如果 DI1 为 1，则程序继续向下执行；如果到达最大等待时间以后，DI1 还不为 1，则工业机器人报警或进入出错处理程序	

4. WaitDO 指令

WaitDO 指令用于等待一个数字输出信号达到设定值。

其指令格式为"WaitDO DO1,1;",执行此指令时,等待 DO1 的值为 1,如果 DO1 为 1,则程序继续往下执行;如果到达最大等待时间以后,DO1 的值还不为 1,则工业机器人报警或进入出错处理程序。

5. WaitUntil 指令

WaitUntil 指令可用于布尔量、数字量或 I/O 信号值的判断。如果条件到达指令中的设定值,程序继续往下执行;否则就一直等待,除非设定了最大等待时间。例程如下。

```
WaitUntil DI1 = 0;
WaitUntil DO1 = 1;
WaitUntil sign = TRUE;
WaitUntil reg1 = 10;
```

3.2.4 逻辑判断指令

逻辑判断指令用于对条件进行判断后,执行相应的操作,是 RAPID 模块的重要组成部分。

1. Compact IF——紧凑型条件判断指令

Compact IF 用于当满足一个条件以后,就执行一条指令,指令格式为"IF sign = TRUE Set DO1;",如果 sign 为 TRUE,则置位 DO1。

2. IF——条件判断指令

IF 用于根据不同的条件执行不同的指令,示例程序如下。

```
IF reg1 > 5 THEN
    data := 6;
ELSEIF reg1 <= 5 and reg1 >= 0 THEN
    data := 3;
ELSE
    data := -5;
ENDIF
```

指令解析:如果 reg1 大于 5,则 data 值为 6;如果 reg1 的值为 0~5,则 data 为 3;如果 reg1 为负数,则 data 为-5。

3. TEST 指令

TEST 指令是根据 TEST 数据执行的程序。TEST 数据可以是数值也可以是表达式,根据该数值执行相应的 CASE。TEST 指令用于在选择分支较多时使用,如果选择分支不多,则可以使用 IF…ELSE 指令代替。使用 TEST 指令时,需要注意以下事项。

① TEST 指令可以添加多个"CASE",但只能有一个"DEFAULT"。

② TEST 指令可以对所有数据类型进行判断,但是进行判断的数据必须有数值。

③ 如果没有很多的替代选择,可使用 IF…ELSE 指令。

④ 如果不同的值对应的程序一样,用"CASE ××,××, …;"来表达,可以简化程序。

示例程序如下。

```
TEST reg1
CASE 1:
    MoveL p10,v1000,fine,tool1;
CASE 2,3:
    MoveL p20,v1000,fine,tool1;
DEFAULT:
    stop;
ENDTEST
```

指令解析：对 reg1 的数值进行判断，如果值为 1，则运动至点 p10；如果值为 2 或 3，则运动至点 p20；否则停止。

4．FOR——重复执行判断指令

（1）FOR 指令结构

FOR 是重复执行判断指令，一般用于重复执行特定次数的程序内容。FOR 指令结构如表 3-17 所示。

表 3-17　FOR 指令结构

选项	说明

指令结构	FOR <ID> FROM <EXP1> TO <EXP2> STEP <EXP3> DO
	<SMT>
	ENDFOR

<ID>	循环判断变量
<EXP1>	变量起始值，第一次运行时变量等于这个值
<EXP2>	变量终止值，或叫作末尾值
<EXP3>	变量的步长，每运行一次 FOR，<ID>的值自动加上这个步长值，在默认情况下，步长<EXP>是隐藏的，是可选变量
<SMT>	循环程序

（2）FOR 指令的执行

程序指针执行到 FOR 指令，第一次运行时，变量<ID>的值等于<EXP1>的值，然后执行 FOR 和 ENDFOR 指令的指令片段，执行以后，变量<ID>的值自动加上步长<EXP3>的值；程序指针跳过 FOR 指令，开始第二次判断变量<ID>的值是否在<EXP1>起始值和<EXP2>终止值之间，如果判断结果成立，则程序指针继续第二次执行 FOR 和 ENDFOR 的指令片段，同样执行后变量<ID>的值自动加上步长<EXP3>的值；然后程序指针又跳过 FOR 指令，开始第三次判断变量是否在起始值和终止值之间，如果条件成立，则又重复执行 FOR 指令，变量又自动加上步长值；直到变量<ID>的值不在起始值和终止值之间，程序指针才跳到 ENDFOR 后面继续往下执行。

（3）FOR 指令例程

```
PROC Exfor() //Exfor 例行程序开始
```

```
      X := 0;  //将变量 X 赋值为 0

      i := 1;  //将变量 i 赋值为 0

      FOR i FROM 1 TO 3 DO  //FOR 循环 3 次

          X := X + 100;

      ENDFOR  //FOR 循环结束

      i := i + 1;  //变量 i 自动增加 1

      WaitTime 1;  //延时 1s

  ENDPROC //Exfor 例行程序结束
```

执行结果，变量 X 为 300，i 为 2。

5. WHILE——条件判断指令

（1）WHILE 指令结构

```
WHILE <EXP> DO

    <SMT>

ENDWHILE
```

<EXP>是循环判断条件，选中并点击<EXP>后，即可输入表达式；<EXP>可以是表达式，也可以是多个表达式之间的"与""异""求余"等关系，条件的结果只有对或错。

<SMT>是指令输入占位符，选中<SMT>后，点击"添加指令"按钮即可输入。

（2）WHILE 指令执行

WHILE 指令一般用于根据特定条件重复执行相关内容，即只要 WHILE 后面的<EXP>成立，则一直执行 WHILE 和 ENDWHILE 之间的指令片段，直到 WHILE 后面的<EXP>不成立，程序指针才跳出到 ENDWHILE 的下一条指令继续往下运行。一般<EXP>要放在WHILE 和 ENDWHILE 指令之间。

（3）WHILE 应用例程

```
reg1 := 1;

WHILE reg1 <= 10 DO

    reg1 := reg1 + 1;

ENDWHILE
```

执行说明：初始化 reg1 为 1，执行 WHILE 指令时，先判断 reg1<=10 的条件是否成立，如果条件成立，则执行循环语句内的内容，WHILE 中每执行一次"reg1 : = reg1 + 1"，即 reg1 自动增加 1；执行完一次后，程序指针又跳到 WHILE 指令进行第二次判断（reg1<=10 的条件是否成立），如果条件成立，则又继续执行循环语句内的内容；重复判断条件，重复执行 WHILE 中的指令，直到条件 reg1<=10 不成立，即 reg1 为 11 时，程序执行指针跳转到 ENDWHILE 指令，结束 WHILE 指令，继续运行后面的程序。

（4）WHILE 无限循环

```
WHILE TRUE DO

    <SMT>

ENDWHILE
```

执行说明：WHILE 指令的条件是 TRUE，即条件一直成立，所以程序指针执行到 WHILE 指令以后，程序就会一直执行 WHILE 指令，程序指针不会跳出到 ENDWHILE 指令后面运行，这里的 WHILE 是一个死循环，即无限循环。一般可以用在编写程序正常自动运行部分，使工业机器人正常工作时处于一直执行的状态。

3.2.5 其他指令

1. WaitTime——时间等待指令

WaitTime 指令是一种时序控制指令，其功能是让程序控制各设备之间的时间顺序更准确，通常用于需要延长程序运行时间的场合。例如，从系统控制电磁阀打开气路到气动执行元件完成动作，此过程需要一定的时间，如果不考虑时延有可能发生撞机。因此使用时间等待指令对于工业机器人安全运行并按要求完成任务来说，是很有必要的。

应用例程如下。

```
Set DO8;
WaitTime 1;
Reset DO8;
```

程序说明：先执行程序"Set DO8"，等待 1s，再执行"Reset DO8"。

2. ProcCall——例行程序调用指令

ProcCall 指令用于将程序执行转移至另一个无返回值程序。当执行完成无返回值程序后，程序将调用后续指令继续执行，通常将一系列参数发送至新的无返回值程序。无返回值程序的参数必须符合以下 4 个条件。

① 必须包括所有的强制参数。

② 必须以相同的顺序进行放置。

③ 必须采用相同的数据类型。

④ 必须采用有关于访问模式（输入、变量或永久数据对象）的正确类型。

程序可以相互调用，还可以反过来调用另一个程序；程序也可以自我调用，即递归调用。允许的程序等级取决于参数数量，通常允许 10 级以上。

应用例程如下。

```
MoveJ p10, v1000, z50, tool0;
Routine1;
MoveJ p20, v1000, z50, tool0;
```

程序说明："MoveJ p10, v1000, z50, tool0"执行程序行后，调用并执行 Routine1 无返回值程序。待执行 Routine1 程序后，继续执行"MoveJ p20, v1000, z50, tool0"程序行。注意 ProcCall 指令并不显示在程序行内，只显示被调用的程序名称。

3. RETURN——返回例行程序指令

RETURN 为返回例行程序指令，当执行此指令时，将马上结束本例行程序的执行，程序指针返回到调用此例行程序的位置。应用例程如下。

```
PROC Routine1()
data:=20;
```

```
        Routine2;
         SET DO1;
    ENDPROC
PROC Routine2()
    IF DI1=1 THEN
        data :=0;
        RETURN;
    ELSE
        data := data + 10;
    ENDIF
ENDPROC
```

程序说明：Routine1 例行程序在执行过程中将调用 Routine2 例行程序，当 DI1 为 1 时，执行 RETURN 指令，程序指针返回到调用 Routine2 的位置并继续向下执行，设置 data 数值为 0；当 DI1 为 0 时，设置 data 数值为 30。

4．GOTO——无条件跳转指令

GOTO 用于将程序执行转移到相同程序内的另一标记处。指令格式为 GOTO<Label>。Label 是程序中的一个标签位置，执行指令 GOTO 后，工业机器人将从相应标签位置<Label>处继续运行工业机器人程序。在使用该指令时，标记不得与以下内容相同。

① 同一程序内的所有其他标记。

② 同一程序内的所有数据名称。

GOTO 指令结合标签的使用例程如下。

```
GOTO Label1;
    <SMT>
Label1:
```

程序说明：当执行"GOTO Label1"时，程序无条件转移到标签"Label1"的地址。

3.3　ABB 工业机器人激光切割应用编程

【学习目标】

- 掌握工业机器人激光切割系统的组成。
- 掌握模拟激光笔工具的安装方法。
- 掌握创建与保存示教程序的方法。
- 能够根据任务要求，添加运动控制指令。
- 能够修改程序指令的运动参数。
- 掌握程序调试的方法。
- 培育求实创新精神。

知识学习&能力训练

3.3.1　工业机器人激光切割

　　激光切割是利用经聚焦的高功率密度激光束照射工件，使被照射的材料迅速熔化、汽化、烧蚀或达到燃点，同时借助与光束同轴的高速气流吹熔融物质，从而实现将工件隔开。激光切割属于热切割方法之一。激光切割可分为激光汽化切割、激光熔化切割、激光氧气切割和激光划片与控制断裂 4 类。

　　激光切割具有以下 4 个特点。

　　① 绝大多数金属和非金属材料可以进行激光切割。

　　② 激光能聚焦成极小的光斑，可进行微细和精密加工。

　　③ 激光切割属于非接触切割，材料无机械变形。

　　④ 激光切割便于自动控制连续加工，切割效率高，质量好。

　　工业机器人激光切割系统包括工业机器人、激光器（含光纤、冷水机和稳压电源）、激光头、工作平台、其他辅助装备（工控机、冷干机等）。工业机器人作为激光切割系统的运动机构，具有灵活的运动功能，可提高切割精度，并可与其他设备进行信号交换，控制其他设备的开启和关闭，如控制激光束的发射等，如图 3-11 所示。工业机器人激光切割在汽车、电子等领域的应用越来越广泛。

图 3-11　工业机器人激光切割的应用

3.3.2　激光笔工具的手动安装

1. 工具快换装置

　　工业机器人执行的任务具有多样性，任务目标的质量、形状和尺寸大多不同，因此仅使用单一的末端工具不能满足复杂的任务要求。工具快换装置可以使工业机器人根据任务的需要，自动、快速地更换末端工具或外围设备，使工业机器人的应用更具柔性，提高作业能力与效率。

　　工具快换装置也称为自动工具转换装置、工业机器人工具转换、工业机器人连接器、工业机器人连接头等。工具快换装置主要由主侧和工具侧两部分组成，两侧设计可以自动锁紧连接，如图 3-12 所示。大多数工业机器人工具快换装置使用气体锁紧主侧和工具侧。工具快换装置的主侧被安装在一台工业机器人上，工具侧用于安装工具（如吸盘、夹爪或焊枪等）。

（a）主侧　　　　　　　　　　　　　　　　　（b）工具侧

图 3-12　工具快换装置

2．激光笔工具

激光笔的实物如图 3-13 所示。常见的激光笔能发射红光、绿光、蓝光和蓝紫光等，通过在物体上投映一个点或一条线实现导向的效果。

以发射红光的激光笔为例，将激光笔安装在工具快换装置的工具侧，组成激光笔工具，如图 3-14 所示。使用工业机器人示教器上的可编程按键控制激光笔的打开和关闭。激光笔工具在平面循迹模块上将沿着给定的曲线任务，以精确的投映点作为工业机器人运动的目标点，模拟激光切割。

图 3-13　激光笔　　　　　　　　　　　　　图 3-14　激光笔工具

3．气动控制板

气动控制板被固定在实训台上，操作人员按下电磁阀强制按钮，可实现对气动工具的强制动作，如图 3-15 所示。

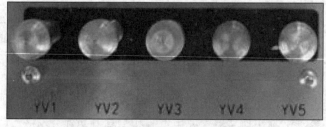

图 3-15　气动控制板上的强制按钮

通过气动控制板，操作人员可以手动安装、拆卸激光笔工具。YV1～YV5 按钮对应的快换手爪气动强制动作如表 3-18 所示。

表 3-18　快换手爪气动强制动作

气动控制板强制按钮	主盘锁紧	主盘松开	手爪闭合	手爪张开	吸盘真空	真空破坏
YV1		+				
YV2	+					
YV3				+		
YV4			+			+
YV5					+	

注：表中"+"代表强制动作。

4．可编程按键

给可编程按键分配控制的 I/O 信号，将数字信号与系统的控制信号关联起来，便可通过按键进行快捷操作。操作者自定义输入/输出等功能，可以模拟外围的信号输入或者对信号进行强制输出，提高工作效率。

如图 3-16 所示，将可编程按键 1 选择"类型："为"输出"，选择"按下按键："为"切换"，与启动/关闭激光笔的信号关联。按下按键 1 则打开激光笔，发射红色光束，再次按下按键 1 则关闭激光笔。

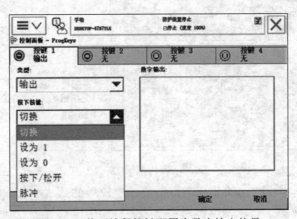

图 3-16　将可编程按键配置为数字输出信号

5．激光笔工具的手动安装操作

激光笔工具的手动安装操作如表 3-19 所示。

表 3-19　激光笔工具的手动安装操作

步骤	操作方法	操作提示
1		长按气动控制板上的 YV1 按钮

续表

步骤	操作方法	操作提示
2		确认机器人末端主盘侧锁紧钢珠为缩回状态
3		手持激光笔工具把其安装到工业机器人末端主盘位置，使机械接口与电气接口对齐，主盘与副盘间的间隙约为 1 mm。YV1 按钮保持按下状态
4	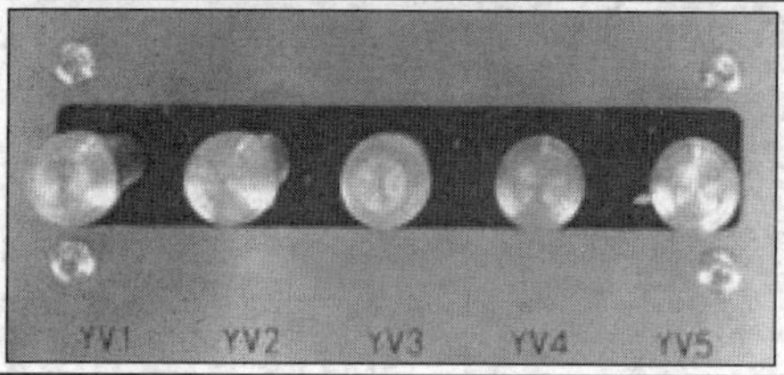	保持手持工具的状态，松开 YV1 按钮，按住 YV2 按钮约 1 s，工具快换装置锁紧后，松开 YV2 按钮

6．绘图模块的安装

将平面循迹绘图模块底部的两个定位销插入定位板的两个定位孔，按照图 3-17 所示的位置，将平面循迹绘图模块安装到平台上工业机器人正前方位置。

图 3-17　平面循迹绘图模块

3.3.3　编写激光切割运动程序

1．工具坐标与工件坐标的设置

工具坐标系数据 tool1 是 TCP 相对于 tool0 的坐标值和工具坐标系相对于 tool0 的方向；工具载荷数据 load1 包括工具质量（mass）、工具重心相对于 tool0 的坐标值（cog）、工具主惯性轴的方向、围绕惯性轴的惯性矩等。工件坐标系定义了工件相对于大地坐标（或基坐标）的位置，对工业机器人进行编程，就是在工件坐标系中创建目标和路径的过程。在重新定位工作站中的工件时，只需要更改工件坐标系的位置，所有的路径即可随之更新。

在对工业机器人进行编程前要完成工具标定，得到工具数据（tool1）；完成工具载荷设置，得到工具载荷数据 load1；完成工件坐标系的标定，得到工件坐标数据（wobj1）；并在手动操纵界面选择已标定的工具坐标、工件坐标与有效载荷，如图 3-18 所示。

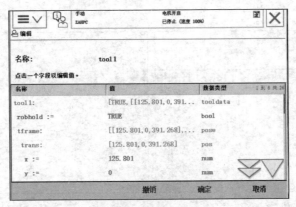

（a）工具的标定结果

（b）工件坐标系的标定结果

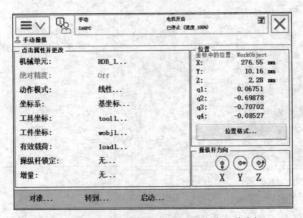

（c）手动操纵界面选择标定的工具坐标与工件坐标

图 3-18　工具、工件坐标系的标定，以及设置工具坐标与工件坐标

2．编写程序

工业机器人工作原点一般也是工业机器人程序的起点（或终点），通常用关节位置数据 jointtarget 来定义，如 pHome=(0°，0°，0°，0°，90°，0°)；为了让工业机器人重心居中，

工业机器人原点位置也可以定义为"pHome2=(0°，−20°，20°，0°，90°，0°)"，如图 3-19 所示。

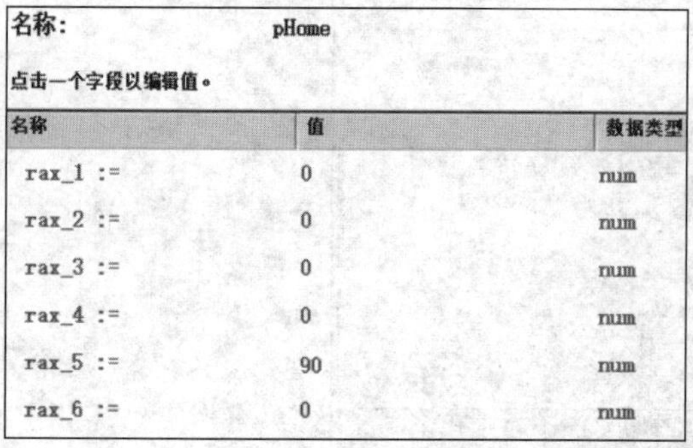

名称：	pHome	
点击一个字段以编辑值。		
名称	值	数据类型
rax_1 :=	0	num
rax_2 :=	0	num
rax_3 :=	0	num
rax_4 :=	0	num
rax_5 :=	90	num
rax_6 :=	0	num

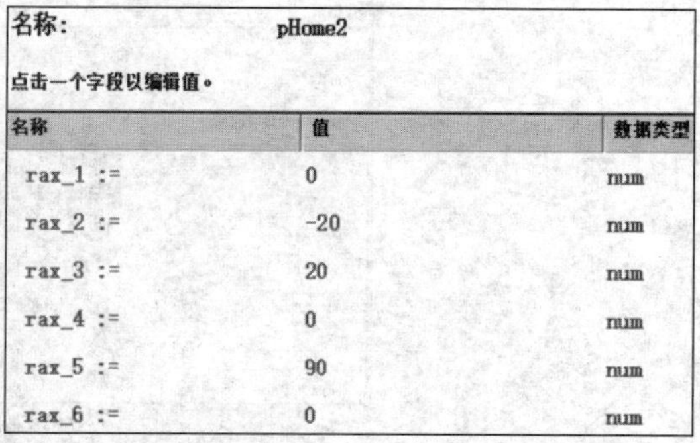

名称：	pHome2	
点击一个字段以编辑值。		
名称	值	数据类型
rax_1 :=	0	num
rax_2 :=	-20	num
rax_3 :=	20	num
rax_4 :=	0	num
rax_5 :=	90	num
rax_6 :=	0	num

（a）pHome   （b）pHome 2

图 3-19　工业机器人工作原点的定义

（1）使用 MoveAbsJ 指令记录程序起始点

记录起始点的编程指令为 MoveAbsJ，表 3-20 显示了程序的编写步骤。

表 3-20　记录起始点的程序编写步骤

步骤	操作方法	操作提示
1	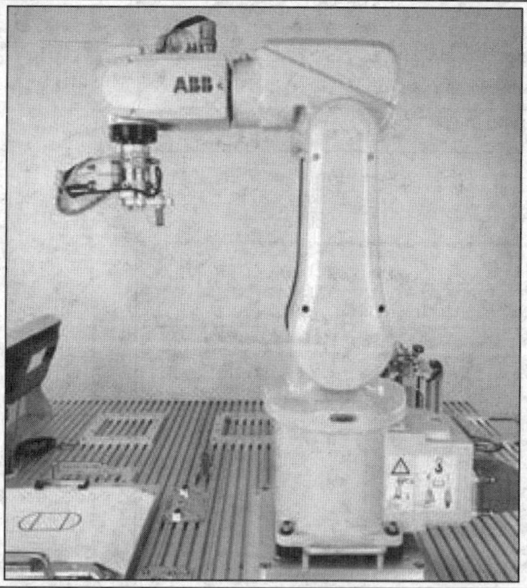	将工业机器人移动到任务起始点位置：pHome=(0°，0°，0°，0°，90°，0°)
2	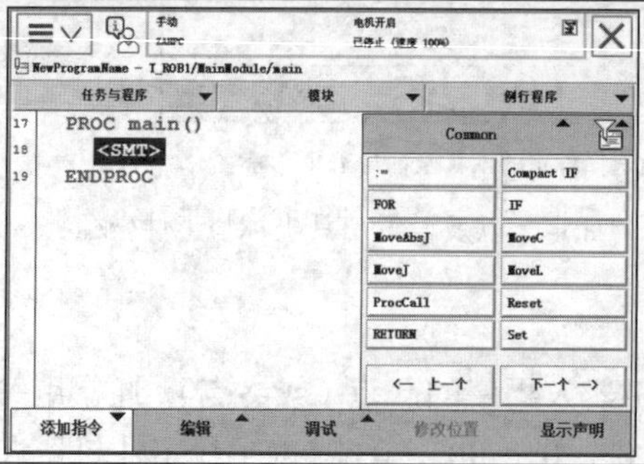	在程序编辑器界面中，点击"添加指令"按钮，在右侧指令"Common"栏，选中 MoveAbsJ 指令

续表

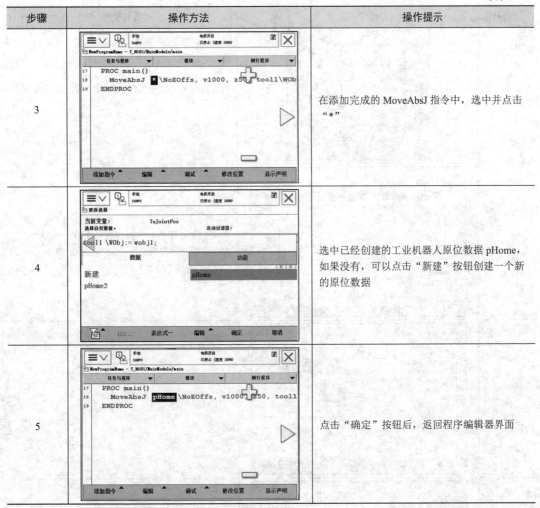

步骤	操作方法	操作提示
3		在添加完成的 MoveAbsJ 指令中，选中并点击"*"
4		选中已经创建的工业机器人原位数据 pHome，如果没有，可以点击"新建"按钮创建一个新的原位数据
5		点击"确定"按钮后，返回程序编辑器界面

（2）使用 MoveJ 指令记录激光切割开始点

操作示教器将工业机器人移动至切割轨迹的开始点，为了安全起见，需要先移至切割开始点上方约 50 mm 的位置，编程时使用 MoveJ 关节运动指令，其具体操作步骤如表 3-21 所示。

表 3-21　使用 MoveJ 指令记录激光切割开始点的操作步骤

步骤	操作方法	操作提示
1		将工业机器人移动到切割开始点上方约 50 mm 位置

续表

步骤	操作方法	操作提示
2	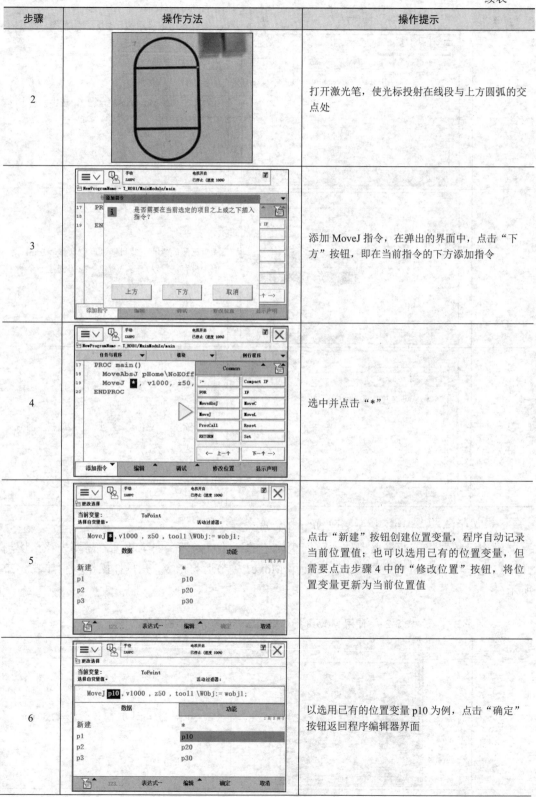	打开激光笔，使光标投射在线段与上方圆弧的交点处
3		添加 MoveJ 指令，在弹出的界面中，点击"下方"按钮，即在当前指令的下方添加指令
4		选中并点击"*"
5		点击"新建"按钮创建位置变量，程序自动记录当前位置值；也可以选用已有的位置变量，但需要点击步骤4中的"修改位置"按钮，将位置变量更新为当前位置值
6		以选用已有的位置变量 p10 为例，点击"确定"按钮返回程序编辑器界面

续表

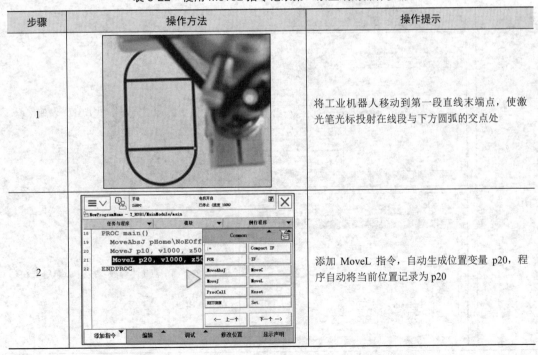

步骤	操作方法	操作提示
7		在程序编辑器界面，选中位置变量 p10，点击"修改位置"按钮
8		点击"修改"按钮，将位置量更新为工业机器人当前位置值

（3）使用 MoveL 指令记录第一条直线

通过将工业机器人移动至直线段的末端点，使用 MoveL 指令实现工业机器人 TCP 的直线移动，具体操作步骤如表 3-22 所示。

表 3-22　使用 MoveL 指令记录第一条直线的操作步骤

步骤	操作方法	操作提示
1		将工业机器人移动到第一段直线末端点，使激光笔光标投射在线段与下方圆弧的交点处
2		添加 MoveL 指令，自动生成位置变量 p20，程序自动将当前位置记录为 p20

（4）使用 MoveC 指令记录第一条圆弧

将工业机器人移动至圆弧的中间点和末端点，使用 MoveC 指令记录工业机器人 TCP 的圆弧运动，其操作步骤如表 3-23 所示。

表 3-23　使用 MoveC 指令记录第一条圆弧的操作步骤

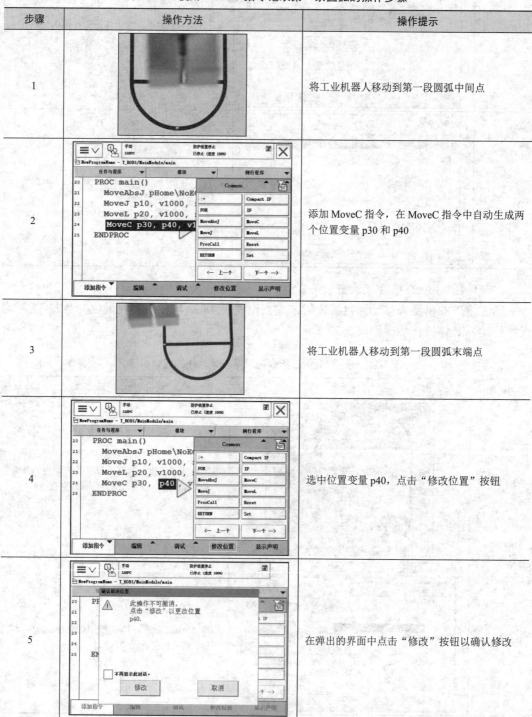

步骤	操作方法	操作提示
1		将工业机器人移动到第一段圆弧中间点
2		添加 MoveC 指令，在 MoveC 指令中自动生成两个位置变量 p30 和 p40
3		将工业机器人移动到第一段圆弧末端点
4		选中位置变量 p40，点击"修改位置"按钮
5		在弹出的界面中点击"修改"按钮以确认修改

（5）编制封闭轨迹程序

根据激光切割任务要求，分别使用 MoveL、MoveC 和 MoveAbsJ 指令记录剩余曲线的轨迹点，以完成整条封闭椭圆形激光切割轨迹，其操作步骤如表 3-24 所示。

表 3-24　编制封闭轨迹程序的操作步骤

步骤	操作方法	操作提示
1	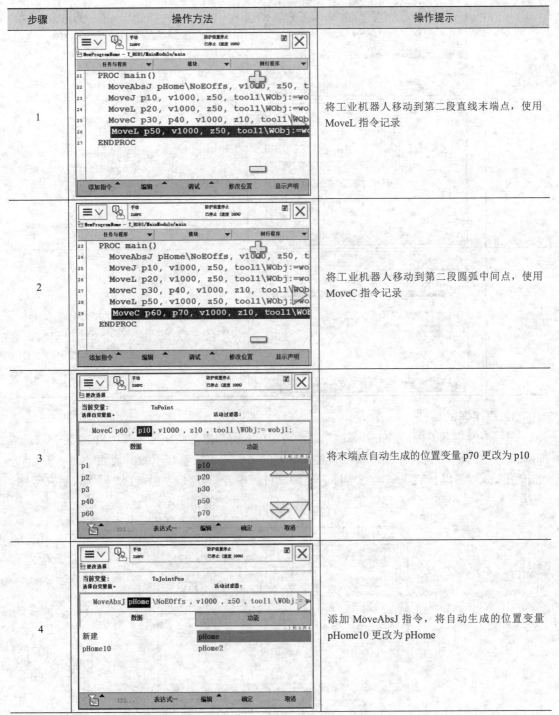	将工业机器人移动到第二段直线末端点，使用 MoveL 指令记录
2		将工业机器人移动到第二段圆弧中间点，使用 MoveC 指令记录
3		将末端点自动生成的位置变量 p70 更改为 p10
4		添加 MoveAbsJ 指令，将自动生成的位置变量 pHome10 更改为 pHome

续表

步骤	操作方法	操作提示
5	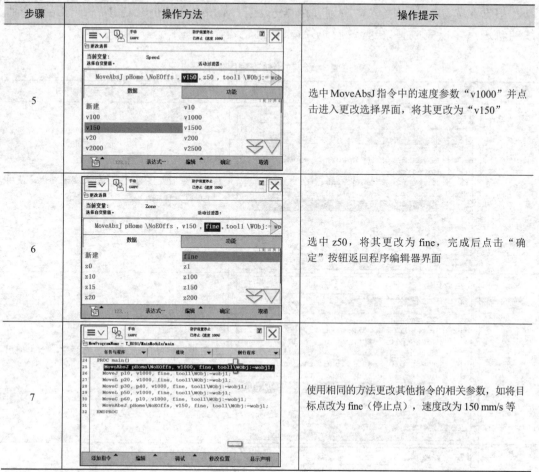	选中 MoveAbsJ 指令中的速度参数"v1000"并点击进入更改选择界面，将其更改为"v150"
6		选中 z50，将其更改为 fine，完成后点击"确定"按钮返回程序编辑器界面
7		使用相同的方法更改其他指令的相关参数，如将目标点改为 fine（停止点），速度改为 150 mm/s 等

3. 程序调试

在程序编辑器界面，点击"调试"菜单后，在右侧弹出的菜单中选择"PP 移至 Main"，如图 3-20 所示，可将程序指针移至程序 main()的第一行。接着在示教器使能键上，按"步进按钮"或"启动按钮"试运行程序，在调试过程中若松开使能键，工业机器人将立即停止运行。

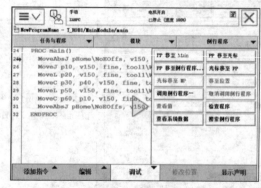

图 3-20　程序调试

3.3.4　工具自动拾取编程

1. 利用"对准"功能实现主盘与副盘的快速对接

对准功能可用于将系统中已定义的工具（tool1）对准已定义的坐标系，包括大地坐标系、基坐标系、工件坐标系等。在工具抓取时用"对准"功能，可以实现主盘与副盘的快速对接，其操作步骤如表 3-25 所示。

表 3-25　利用"对准"功能实现主盘与副盘的快速对接的操作步骤

步骤	操作方法	操作提示
1		点击 ABB 菜单，选择"输入输出"菜单
2		进入"输入输出"界面，点击右下角的"视图"菜单，在弹出的列表中选择"数字输出"选项
3		选中"YV1"，将 YV1 的值修改为 1，强制输出，松开工具快换装置主盘锁紧机构
4		工具快换装置主盘钢珠缩回，松开锁紧机构

步骤	操作方法	操作提示
5		将工业机器人从工作原点位置移至工具快换装置上方
6		进入"手动操纵"界面，点击左下角的"对准…"按钮，进入"对准"界面
7		在坐标选择栏下拉菜单中选择要对准的坐标系类型，其中"大地坐标系"与"基坐标系"通常是重合的，对准效果一致。如果选择"工件坐标系"，则对准"手动操纵"界面下设定的工件坐标系
8		选择完坐标系，按住工业机器人使能键，点击上一步中的"开始对准"按钮，直到当前工具坐标系 Z 轴垂直于目标坐标系的 XY 平面
9		再通过操作操纵杆使主盘上的两销对准副盘上的两孔。 注：1—重定位与线性模式切换键；2—"轴1-3"与"轴4-6"切换键；3—增量开关键；4—操纵杆（上/下、左/右、旋转）

续表

步骤	操作方法	操作提示
10		将工业机器人手动移动到工具的拾取位置（p12），主盘与副盘对齐并保留约 1 mm 缝隙
11		在数字输出界面，先选中"YV1"，将 YV1 的值修改为 0，再选中"YV2"，将 YV2 的值修改为 1 时将夹紧工具快换装置主盘锁紧机构，实现主盘与副盘的快速对接

2. 工具自动抓取编程

（1）抓取工具轨迹规划

工业机器人在自动抓取工具运行时，需要确定几个关键位置点，包括 pHome 原点位置、p10 过渡点位置、p11 接近点位置和 p12 拾取点位置，其中 pHome 的位置数据为（0°，0°，0°，0°，90°，0°），p10、p11、p12 需现场示教，如图 3-21 所示。工业机器人完成从原点位置自动拾取工具的轨迹为 pHome→p10→p11→p12，工业机器人抓取工具后自动返回原点位置的轨迹为 p12→p11→p10→pHome，其中 pHome→p10 执行的动作为关节运动（MoveJ），p10→p11、p11→p12、p12→p11、p11→p10 执行的动作为直线运动（MoveL），p10→pHome 执行的动作为绝对位置运动（MoveAbsJ）。

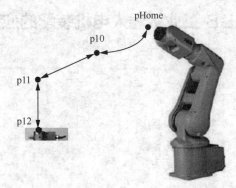

图 3-21　工业机器人自动抓取工具轨迹规划

（2）抓取工具的程序

```
25 MoveAbsJ  pHome\NoEOffs, v200, fine, tool1; //工作原点 pHome
26 MoveJ  p10, v200, fine, tool1;              //p10：过渡点
27 MoveL  p11, v200, fine, tool1;              //p11：接近点
28 MoveL  p12, v200, fine, tool1;              //p12：拾取点
29 Set  YV2;            //置位主盘松开信号
30 Reset  YV1;          //复位主盘锁紧信号，YV1 和 YV2 互锁
31 WaitTime 1;          //延时 1s
32 MoveL  p11, v200, fine, tool1;
33 MoveJ  p10, v200, fine, tool1;
34 MoveAbsJ  pHome\NoEOffs, v200, fine, tool1;
```

由于接近点 p11 在拾取点 p12 上方约 120 mm 的位置，可以采用 Offs 偏移函数取代接近点 p11，第 27、32 行的程序可以修改为 "MoveL Offs(p12,0,0,120), v200, fine, tool1"，在 "功能" 中选取 Offs 偏移函数，如图 3-22 所示。

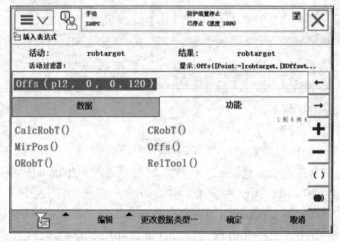

图 3-22　应用 Offs 偏移函数取代接近点 p11

3.4　ABB 工业机器人电机装配的应用编程

【学习目标】
- 掌握电机装配的流程。
- 掌握电机装配 I/O 信号的控制方法。
- 掌握电机装配关键位置的示教方法。
- 掌握电机装配综合编程与调试方法。
- 培育精益求精的工匠精神。

知识学习&能力训练

3.4.1 电机装配的流程

在工业机器人电机装配工作站上，对工业机器人进行现场综合应用编程，完成 1 套电机部件的装配及入库过程。将 1 个电机外壳放置到立体库的指定位置，将 1 个电机转子和 1 个电机端盖放置到搬运模块上的指定位置。本小节通过对工业机器人现场示教编程，完成一套电机部件的正确装配，并将电机成品返回到立体库中的指定位置。

1. 工件准备

一套电机部件主要包括 1 个电机端盖、1 个电机转子和 1 个电机外壳。系统开始前，预先将电机端盖和电机转子放置到搬运模块上、电机外壳放置在立体库中，如图 3-23 所示。

2. 装配工作站的过程

电机组件的装配流程一般为系统手动复位、工具抓取、电机外壳装配、变位机转位控制、转子装配、端盖装配、变位机复位、成品入库、系统复位，如图 3-24 所示。表 3-26 介绍了装配工作站的过程。

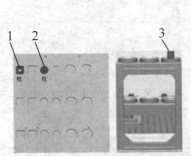

1—电机端盖；2—电机转子；3—电机外壳

图 3-23 电机的主要部件

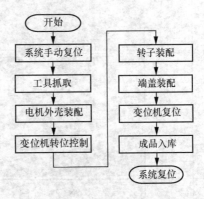

图 3-24 电机组件的装配流程

表 3-26 装配工作站的过程

步骤	操作方法	操作提示
1		系统手动复位：手动操作示教器将工业机器人返回到工作原点，变位机复位到水平上料状态

步骤	操作方法	操作提示
2		工具抓取：将示教器切换到自动运行模式，按下启动键，工业机器人自动抓取平口手爪工具，完成后返回工作原点位置
3		电机外壳装配：工业机器人抓取电机外壳，并将其搬运到水平状态的变位机上，定位汽缸推出，固定电机外壳工件
4		变位机转位控制：电机外壳固定完成后，变位机自动面向工业机器人一侧旋转-20°，使变位机处于装配状态
5		转子装配：工业机器人自动抓取电机转子，并将其装配到固定在变位机上的电机外壳中
6		端盖装配：工业机器人自动抓取电机端盖，并将其装配到固定在变位机上的电机转子上
7		变位机复位：电机部件装配完成后，变位机自动旋转至水平位置，使变位机处于上下料状态

续表

步骤	操作方法	操作提示
8		成品入库：变位机处于上下料状态后，工业机器人自动抓取电机成品，并将电机成品搬运到立体库的指定位置
9		系统复位：成品入库完成后，工业机器人自动将平口手爪工具放入工具快换装置并返回工作原点位置，变位机旋转至水平位置

3.4.2 电机装配 I/O 信号

以电机装配模块为例，说明电机装配 I/O 信号的应用。汽缸伸出由工业机器人输出信号 EXDO7 控制，伸出到位后，EXDI7 信号为 1；汽缸缩回由 EXDO8 信号控制，缩回到位后信号 EXDI8 为 1，如图 3-25 所示。其余 I/O 信号功能说明如表 3-27 所示。

（a）装配模块控制汽缸伸出　　　　　　　　（b）装配模块控制汽缸缩回

图 3-25　电机装配模块控制汽缸

表 3-27　电机装配 I/O 信号的功能说明

输入信号	功能说明	输出信号	功能说明
EXDI7	装配模块前限位	EXDO7	装配模块控制汽缸伸出
EXDI8	装配模块后限位	EXDO8	装配模块控制汽缸缩回
EXDI12	快换工具有无检测	YV1	主盘钢珠缩回
EXDI13	快换工具有无检测	YV2	主盘钢珠伸出
EXDI14	快换工具有无检测	YV3	副盘（工具盘）手爪打开
EXDI15	快换工具有无检测	YV4	副盘（工具盘）手爪关闭
DI9	副盘（工具盘）手爪闭合到位	YV5	吸盘吸合
DI10	副盘（工具盘）手爪打开到位		

3.4.3 电机装配位置示教

要完成一套电机部件的装配，需要对不同位置的电机零件进行示教，电机装配需要示教的位置变量如表 3-28 所示，图 3-26 所示为电机部件装配示教位置。

表 3-28　电机装配需要示教的位置变量

序号	示教位置	数据类型	功能说明
1	P20	robtarget	立体仓库中电机外壳及电机成品的位置
2	P21	robtarget	电机外壳的上料位置
3	P22	robtarget	电机转子的抓取位置
4	P23	robtarget	电机转子及电机端盖的装配位置
5	P24	robtarget	电机端盖的抓取位置
6	P25	robtarget	电机成品的下料位置

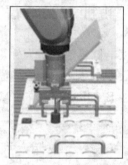

（a）立体仓库中电机外壳及电机成品的位置　　（b）电机外壳的上料位置　　（c）电机转子的抓取位置

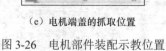

（d）电机转子及电机端盖的装配位置　　（e）电机端盖的抓取位置　　（f）电机成品的下料位置

图 3-26　电机部件装配示教位置

3.4.4 电机装配的综合编程

根据电机组件的装配流程，用户示教编程时除例行程序 main() 外可分别创建取平口手爪工具（QuPTool）、放平口手爪工具（FangPTool）、电机外壳装配（WaiKeAssemble）、电机转子装配（ZhuanzAssemble）、电机端盖装配（DuanGAssemble）、电机成品入库（ChengpRuku）等例行程序。下面介绍主程序与电机外壳装配例行程序，并进行程序说明。

1. 主程序 main()

```
PROC main()//主程序开始
    MoveAbsJ pHome\NoEOffs, v200, fine, tool0;       //工业机器人返回工作原点
    QuPTool;                //调用"取平口手爪工具"例行程序
    WaiKeAssemble;          //调用"电机外壳装配"例行程序
    ZhuanzAssemble;         //调用"电机转子装配"例行程序
    DuanGAssemble;          //调用"电机端盖装配"例行程序
    ChengpRuku;             //调用"电机成品入库"例行程序
    FangPTool;              //调用"放平口手爪工具"例行程序
    MoveAbsJ pHome \NoEOffs, v200, fine, tool0;  //工业机器人再次返回工作原点
ENDPROC//主程序结束
```

2. 电机外壳装配例行程序

```
PROC WaiKeAssemble()
    Set YV3;
    Reset YV4;        //松开平口手爪
    WaitDI DI10, 1; //等待手爪松开到位信号
    WaitTime 1;     //延时1s
    MoveJ Offs(P20,0,0,150), v200, fine, tool0; //到达立体库电机外壳上方接近点
    MoveL P20, v100, fine, tool0;               //到达立体库电机外壳抓取点
    Set YV4;
    Reset YV3;        //闭合平口手爪
    WaitDI DI9, 1;  //等待手爪闭合到位信号
    WaitTime 1;       //延时1s
    MoveL Offs(P20,0,0,150), v200, z50, tool0;  //重返立体库电机外壳上方接近点
    MoveAbsJ pHome\NoEOffs, v200, fine, tool0;  //返回工作原点
    MoveJ Offs(P21,0,0,150), v200, fine, tool0;  //到达电机外壳装配位置上方接近点
    RESET EXDO7;
    SET EXDO8;        //定位汽缸缩回
    WaitDI DI8, 1;  //等待汽缸缩回到位信号
    WaitTime 1;       //延时1s
    MoveL P21, v100, fine, tool0;     //到达电机外壳装配位置
    Set YV3;
    Reset YV4;        //松开平口手爪
    WaitDI DI10, 1; //等待手爪松开到位信号
    WaitTime 1;       //延时1s
    MoveL Offs(P21,0,0,150), v200, fine, tool0;  //重返电机外壳装配位置上方接近点
```

```
        RESET EXDO8;
        SET EXDO7;
        WaitDI DI7, 1;        //等待汽缸伸出到位信号
        WaitTime 1;           //延时1s
        MoveAbsJ pHome\NoEOffs, v200, fine, tool0;      //返回工作原点
    ENDPROC
```

模块拓展

1. fine 与 z0 的区别

ABB 工业机器人停止时可以用停止点（fine）或飞越点（z～）的形式来终止一个位置。停止点是指运动指令执行结束时工业机器人和附加轴必须到达目标位置（fine 停止点）。飞越点则意味着工业机器人 TCP 并未到达编程位置，而是在到达该位置之前将改变运动方向。程序"MoveL p20, v200,z20,tool1"，p20 为飞越点，若将 z20 修改为 fine，则 p20 将成为停止点，如图 3-27 所示。

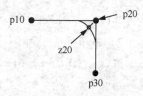

图 3-27　停止点与飞越点

如果将 z20 修改为 z0，从轨迹上看，工业机器人运动指令使用的转弯半径参数为 0，与 fine 类似。但是使用 fine 参数除控制工业机器人准确到达编程位置外，fine 参数还可以阻止程序指针的预读。图 3-28（a）、图 3-28（b）分别显示了使用 z0 和 fine 程序的执行情况。转弯半径数据使用 z0[如图 3-28（a）所示]，工业机器人执行到第 12 行时，程序指针已经读取到第 14 行，也就是工业机器人还没有到达第 12 行的程序位置但是已将 DO8 置位；如果转弯半径使用 fine[如图 3-28（b）所示]，工业机器人运行到第 12 行时，程序指针也将停留在第 12 行，程序指针不会预读，只有当工业机器人走完第 12 行才会读取后续代码。因此工业机器人取放工件前的移动指令程序段应该将转弯半径设置为 fine。

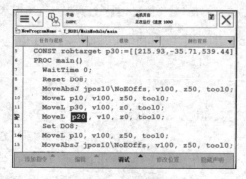

（a）使用 z0 时有预读

（b）使用 fine 时无预读

图 3-28　转弯半径分别使用 z0 与 fine 时的程序指针

2．ABB 工业机器人的轴配置

对于 ABB 工业机器人，robtarget 数据类型用于表示和存储工业机器人示教点位置。而工业机器人通常能以不同方式到达相同位置（如图 3-29 所示），为了加以区分要规定轴配置（robconf）。

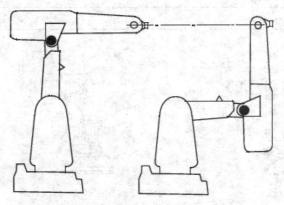

图 3-29　相同手部位姿时的不同轴配置

轴配置（cf1、cf4、cf6、cfx）是 robtarget 数据类型的一个组件，cf1、cf4 与 cf6 分别以轴 1、轴 4 和轴 6 当前四等分旋转的形式进行定义。正转时，在 0°～90°时对应象限 1，在 90°～180°时对应象限 2，在 180°～270°时对应象限 3，在 270°～360°时对应象限 4，如图 3-31（a）所示；反转时，在−90°～0°时对应象限−1，在−180°～−90°时对应象限−2，在−270°～−180°时对应象限−3，在−360°～−270 时对应象限−4，象限对应轴配置数 cf1，如图 3-30（b）所示。而组件 cfx 的取值则取决于机械臂的类型。

（a）关节正角的四等分旋转　　　（b）关节负角的四等分旋转

图 3-30　轴 1、轴 4 和轴 6 四等分旋转的象限定义

cfx 的值可取 0～7，如图 3-31 所示。cfx 的取值与工业机器人腕部中心相对于轴 1、下臂的位置及轴 5 的角度有关，如表 3-29 所示。

表 3-29　cfx 取值的影响因素

cfx	腕部中心相对于轴 1	腕部中心相对于下臂	轴 5 的角度
0	在前面	在前面	正
1	在前面	在前面	负
2	在前面	在后面	正
3	在前面	在后面	负

cfx	腕部中心相对于轴1	腕部中心相对于下臂	轴5的角度
4	在后面	在前面	正
5	在后面	在前面	负
6	在后面	在后面	正
7	在后面	在后面	负

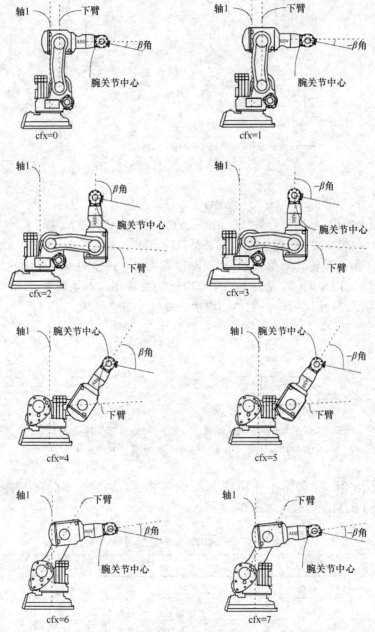

图 3-31　工业机器人整体不同姿态与 cfx 的值

可以发现 cfx 的值取决于工业机器人整体姿态，而 cf1、cf4、cf6 取决于 3 个旋转轴的运动范围。通过上述 4 个参数（cf1、cf4、cf6 与 cfx）可以使工业机器人的轴组合唯一，奇异点时除外。

课后习题

1．程序被用于执行整个任务，系统一般只能加载＿＿＿＿＿个程序，多任务时可以＿＿＿＿＿、＿＿＿＿＿同时运行，因此购置工业机器人时要增加＿＿＿＿＿选项功能。

2．例行程序是执行具体任务的程序，是编程的主要对象，是＿＿＿＿＿的载体；模块则是例行程序的＿＿＿＿＿，分为＿＿＿＿＿模块与＿＿＿＿＿模块两种，模块可以将例行程序按照需要进行分类和组织。

3．在创建程序时，系统自动生成 3 个模块，分别为＿＿＿＿、＿＿＿＿和＿＿＿＿。

4．程序运行的入口是＿＿＿＿＿例行程序。

5．RAPID 程序数据是在 RAPID 语言编程环境下定义的，用于存储＿＿＿＿＿。

6．按照存储类型 RAPID 程序数据可分为＿＿＿＿＿、＿＿＿＿＿和＿＿＿＿＿。

7．工具数据是工业机器人系统用于描述工具的＿＿＿＿＿、＿＿＿＿＿、＿＿＿＿＿等参数的数据。

8．常用的坐标标定工具坐标系的方法有＿＿＿＿＿、＿＿＿＿＿和＿＿＿＿＿。

9．工件坐标数据是描述＿＿＿＿＿框架、＿＿＿＿＿框架在各自参考坐标系中位置与姿态的数据，工件坐标系的标定也是定义工件坐标数据的过程。

10．以 5 点法为例简述工具坐标系的标定过程。

11．以用户方法为例，简述工件坐标系的创建过程。

12．简述用户自定义数据类型的创建方法。

13．MoveJ 指令又称为＿＿＿＿＿指令，该指令表示工业机器人 TCP 将进行点到点的运动。

14．MoveAbsJ 指令描述的是＿＿＿＿＿的运动，因此其位置不随工具坐标系和工件坐标系变化。

15．MoveL 指令用于将工业机器人末端点沿＿＿＿＿＿移动至目标位置，当指令目标位置不变时也可用于调整工具姿态。

16．MoveC 指令用于将 TCP 沿＿＿＿＿＿移动至目的地。

17．WaitDI 指令用于等待＿＿＿＿＿信号达到设定值。

18．工具快换装置主要由＿＿＿＿＿和＿＿＿＿＿两部分组成。

19．在工具抓取时用＿＿＿＿＿功能，可以实现主盘与副盘的快速对接。

20．以电机装配为例，简述其装配流程。

模块四

ABB 工业机器人
总线与网络通信

04

4.1　ABB 工业机器人的 PROFIBUS DP 通信

【学习目标】
- 熟悉 ABB 工业机器人 PROFIBUS DP 不同通信选项。
- 掌握 ABB 工业机器人作为 PROFIBUS DP 从站时的通信配置方法。
- 掌握西门子 PLC 作为 PROFIBUS DP 主站时的通信配置方法。
- 能够编写基于 PROFIBUS DP 通信的 PLC 程序。
- 注重事物的整体性、关联性，培养和提升系统思维能力。

知识学习&能力训练

4.1.1　PROFIBUS DP 通信概述

　　ABB 工业机器人 PROFIBUS DP 通信选项分为"969-1 PROFIBUS Controller"与"840-2 PROFIBUS Anybus Device"两种，前者支持工业机器人作为 PROFIBUS DP 通信控制器（主站），而后者支持工业机器人作为 PROFIBUS DP 通信设备（从站），不管哪种配置都需要额外的硬件。图 4-1 所示为 ABB 工业机器人使用 DSQC 667 模块作为 PROFIBUS DP 从站与 PLC 通信的示意，工业机器人控制模块开通了"840-2 PROFIBUS Anybus Device"从站通信选项功能（如图 4-2 所示）。

　　PROFIBUS DP 通信电缆为专用的屏蔽双绞线，即红绿两根信号线，红色线（B1、B2）接总线连接器的第 3 引脚，绿色线（A1、A2）接总线连接器的第 8 引脚。总线两端必须将终端电阻开关置于 ON，中间节点连接器拨至 OFF，如图 4-3 所示。

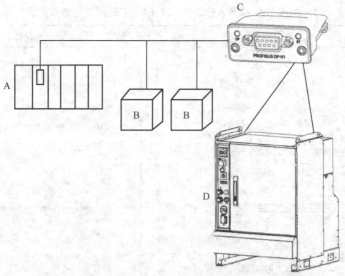

A—PROFIBUS DP 通信控制器；B—通用 PROFIBUS DP 通信设备；C—DSQC 667 模块；D—工业机器人控制器

图 4-1　ABB 工业机器人作为 PROFIBUS DP 从站与 PLC 通信的示意

图 4-2　ABB 工业机器人控制模块开通了"840-2 PROFIBUS Anybus Device"从站通信选项功能

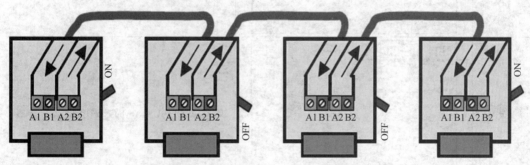

图 4-3　PROFIBUS DP 通信电缆连接

　　PROFIBUS DP 现场总线的传输速率为 9.6 kbit/s～12 Mbit/s，在同一通信网络中，每个节点的地址不能相同，但是通信速率必须一致。

4.1.2　ABB 工业机器人 PROFIBUS DP 通信配置

1. ABB 工业机器人作为 PROFIBUS DP 从站的通信配置
ABB 工业机器人作为 PROFIBUS DP 从站的通信配置步骤如表 4-1 所示。

表 4-1　ABB 工业机器人作为 PROFIBUS DP 从站的通信配置步骤

步骤	操作方法	操作提示
1		打开 ABB 菜单然后选择"控制面板"菜单
2		选择"配置"命令
3		双击"Industrial Network"选项
4		双击"PROFIBUS_Anybus"选项
5		将 Address 修改为 5，并点击"确定"按钮

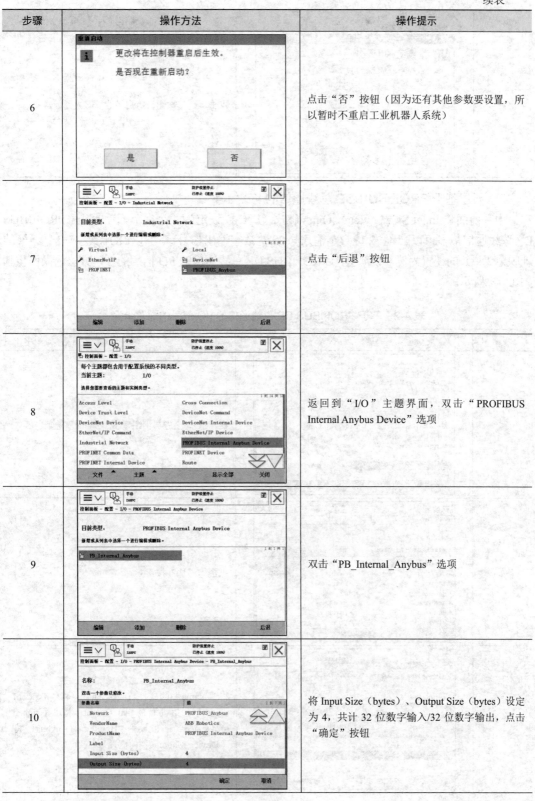

续表

步骤	操作方法	操作提示
11	重新启动 ℹ 更改将在控制器重启后生效。 是否现在重新启动？ 是　　　　否	点击"是"按钮，重启工业机器人控制器

2. 创建基于 PROFIBUS DP 总线通信的 I/O 信号

由于前面将 Input Size（bytes）、Output Size（bytes）设定为 4 个字节，因此基于 PROFIBUS DP 总线通信最多可以配置 32 位数字输入与 32 位数字输出信号。下面以 DO1 数字输出信号（地址映射为 0）的配置为例，说明基于 PROFIBUS DP 总线通信的 I/O 信号的创建方法，操作步骤如表 4-2 所示。

表 4-2　基于 PROFIBUS DP 总线通信的 I/O 信号的配置步骤

步骤	操作方法	操作提示
1	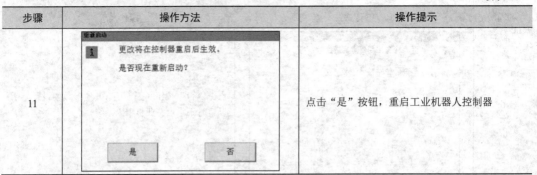	在"I/O"主题界面，双击"Signal"选项
2		点击"添加"按钮
3		将"Name"的属性值设为 DO1；将"Type of Signal"的值设为 Digital Output；将"Assigned to Device"的值设为 PB_Internal_Anybus；将"Device Mapping"的值设为 0

续表

步骤	操作方法	操作提示
4	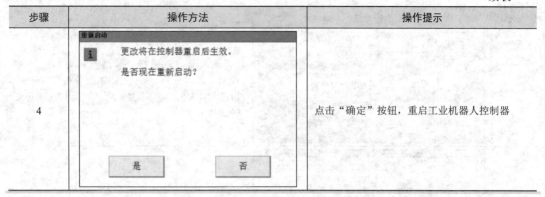	点击"确定"按钮，重启工业机器人控制器

4.1.3　S7 PLC 的 PROFIBUS DP 通信配置

TIA 博途是西门子公司推出的面向工业自动化领域的新一代工程软件平台，可用于西门子 PLC 的 PROFIBUS DP 通信配置。表 4-3 显示了将西门子 PLC 配置为 PROFIBUS DP 通信主站的操作步骤。

表 4-3　将西门子 PLC 配置为 PROFIBUS DP 通信主站的操作步骤

步骤	操作方法	操作提示
1		打开 ABB 菜单，然后选择"FlexPendant 资源管理器"选项
2		找到 HMS_1811.gsd 文件，将其备份到 D 盘
3		打开博途软件，创建新项目

续表

步骤	操作方法	操作提示
4		打开选项菜单，选择"管理通用站描述文件（GSD）"。注：PLC 与 ABB 工业机器人进行 PROFIBUS DP 通信时需要安装工业机器人 GSD（设备描述文件）
5		选中"hms_1811.gsd"，点击"安装"按钮，将 ABB 工业机器人的 GSD 文件安装到博途软件中
6		点击"添加新设备"，选择"控制器"下的"SIMATIC S7-300"中的"CPU 314C-2 PN/DP"，订货号为 6ES7 314-6EH04-0AB0
7		点击"确定"按钮后，打开设备视图
8		切换到"网络视图"，在硬件目录中依次选择"其他现场设备"→"PROFIBUS DP"→"常规"→"HMS Industrial Networks"→"Anybus-CC PROFIBUS DP-V1"

步骤	操作方法	操作提示
9		将图标"Anybus-CC PROFIBUS DP-V1"拖入网络视图中
10	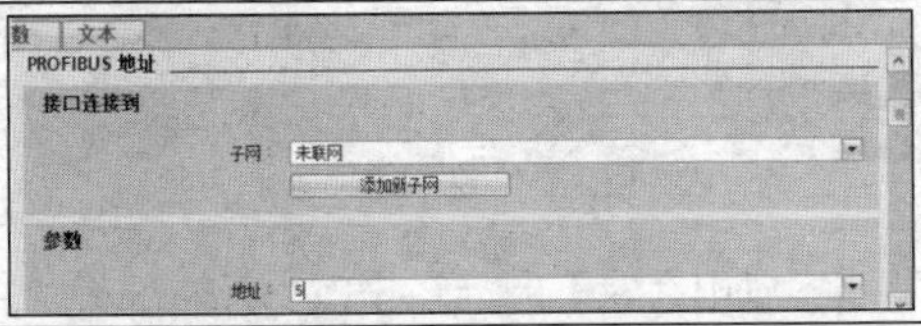	选中 Slave_1 橙色矩形框,在"属性"选项卡中设置其 PROFIBUS 地址为"5"
11	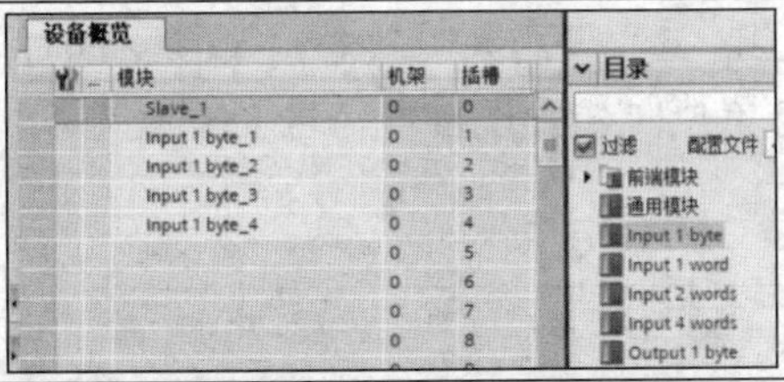	选择"设备视图"选项卡,选择目录下的"Input 1 byte",连续输入 4 个字节,共 32 位输入信号,与工业机器人侧 DO1~DO32 相对应
12	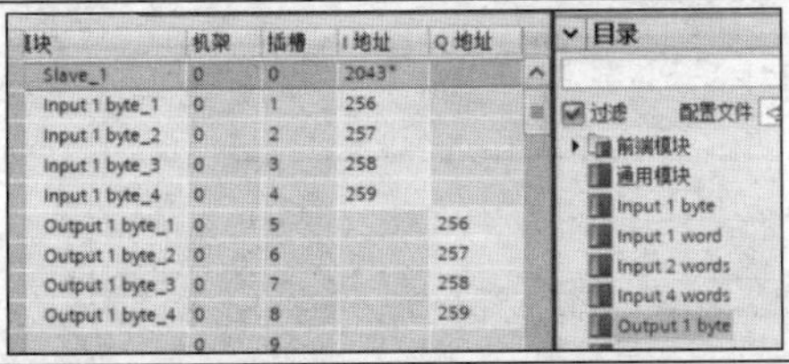	继续选择"设备视图"选项卡,选择目录下的"Output 1 byte",连续输出 4 个字节,共 32 位输出信号,与工业机器人侧 DI1~DI32 相对应
13		在"网络视图"中选中 Slave_1 从站,点击"未分配"按钮,并按下"选择主站:PLC_1.MPI/DP 接口_1"
14	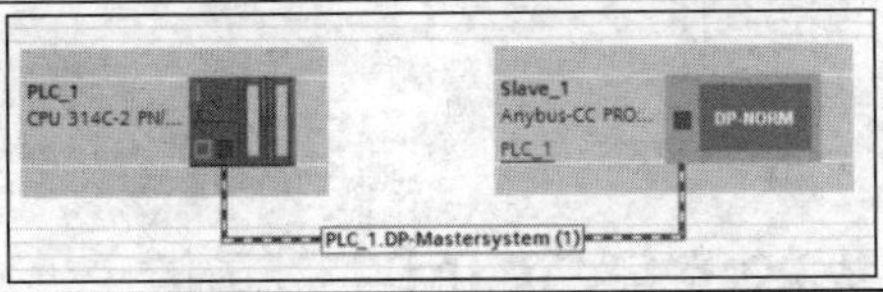	此时将建立起 PLC 与 ABB 工业机器人之间的 PROFIBUS DP 通信连接

以上配置将建立 PLC 与 ABB 工业机器人的 PROFIBUS DP 通信连接,工业机器人输出信号与 PLC 输入信号的对应关系如表 4-4 所示,工业机器人输入信号与 PLC 输出信号的对应关系如表 4-5 所示。

表 4-4 工业机器人输出信号与 PLC 输入信号的对应关系

工业机器人输出信号	PLC 输入信号
DO1~DO8	I256.0~I256.7
DO9~DO16	I257.0~I257.7
DO17~DO24	I258.0~I258.7
DO25~DO32	I259.0~I259.7

表 4-5　工业机器人输入信号与 PLC 输出信号的对应关系

工业机器人输入信号	PLC 输出信号
DI1～DI8	Q256.0～Q256.7
DI9～DI16	Q257.0～Q257.7
DI17～DI24	Q258.0～Q258.7
DI25～DI32	Q259.0～Q259.7

4.1.4　PROFIBUS DP 通信编程

打开博途软件，在 OB1 程序块中编写程序，如图 4-4 所示。PLC 侧外部输入 I0.1 为 1 时，总线通信接口信号 Q256.0 为 1，检查 ABB 工业机器人示教器输入信号 DI1，发现其输入值为 1；同样在工业机器人侧将 DO1 信号置位时，发现接口信号 I256.0 为 1，同时输出信号 Q0.0 为 1。

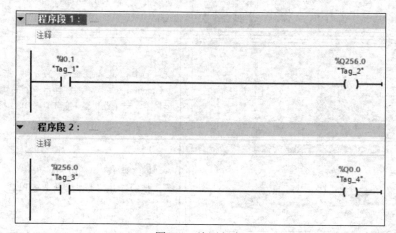

图 4-4　编写程序

4.2　ABB 工业机器人的 PROFINET 通信

【学习目标】
- 了解 PROFINET 通信的特点。
- 熟悉 ABB 工业机器人的 3 种 PROFINET 通信选项。
- 掌握 ABB 工业机器人作为设备（从站）的 PROFINET 通信配置方法。
- 掌握 PLC 作为控制器（主站）的 PROFINET 通信配置方法。
- 掌握 ABB 工业机器人作为控制器（主站）的 PROFINET 通信配置方法。
- 注重事物的整体性、关联性，培养和提升系统思维能力。

知识学习&能力训练

4.2.1　PROFINET通信概述

1．PROFINET通信功能

PROFINET是新一代基于工业以太网技术的自动化总线标准。其特点如下。

① 分散式现场设备（PROFINET I/O）的系统集成。简单的现场设备使用PROFINET I/O集成到PROFINET，并用PROFINET DP中的I/O来描述。这种集成的本质是使用分散式现场设备的输入和输出数据，然后由PLC用户程序进行处理。

② 运动控制系统的实时同步控制。通过PROFINET的同步实时功能，PROFINET运动控制可以轻松实现对伺服运动控制系统的控制。

③ 独立的实时数据通道，保证对伺服运动控制系统的可靠控制。

④ 为了保持与其他系统的连接，PROFINET支持OPC和DX。

⑤ PROFINET不仅可用于工厂自动化场合，同时也面向过程自动化应用。

2．ABB工业机器人PROFINET通信选项

ABB工业机器人的PROFINET通信选项有以下3种。

① 888-2 PROFINET Controller/Device，该选项支持工业机器人同时作为控制器（Controller）和设备（Device），工业机器人不需要额外的硬件。

② 888-3 PROFINET Device，该选项仅支持工业机器人作为设备，工业机器人不需要额外的硬件。

③ 840-3 PROFINET Anybus Device，该选项仅支持工业机器人作为设备，工业机器人需要额外的硬件DSQC 688。

888-2 PROFINET Controller/Device与888-3 PROFINET Device选项可以直接使用控制器上的LAN3或WAN端口，图1-20所示为X5和X6端口。而840-3 PROFINET Anybus Device需要添加额外的硬件DSQC 688，如图4-5所示。

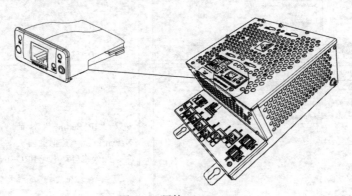

图4-5　硬件DSQC 688

4.2.2 ABB 工业机器人作为设备（从站）与 PLC 的 PROFINET 通信配置

1. 基于 888-2/888-3 选项的 PROFINET 通信从站（工业机器人）的配置

首先要确认工业机器人上已经安装了 888-2（或 888-3）选项功能，如图 4-6 所示。

图 4-6 工业机器人已安装 888-2 PROFINET Controller/Device 功能

PROFINET 可以连接到 WAN 或 LAN3 端口上，但两个端口不可以同时使用 PROFINET 通信，因为 888-2（或 888-3）选项仅支持一个端口使用 PROFINET，工业机器人在 PROFINET 网络上的 IP 地址唯一。如果工业机器人要接入两个不同网段的 PROFINET 网络，需要在 888-2（或 888-3）选项外增加 840-3 PROFINET Anybus Device 选项，并需要另外增加硬件 DSQC 688 模块。表 4-6 显示了基于"888-2/888-3"选项在工业机器人示教器端配置 PROFINET 从站的方法。

表 4-6 基于"888-2/888-3"选项配置 PROFINET 从站的方法

步骤	操作方法	操作提示
1		从 ABB 菜单进入"控制面板-配置"界面，点击"主题"菜单，选择"Communication"
2		进入"IP Setting"界面，选择"PROFINET Network"；工业机器人有 PROFINET 选项后，此处将自动出现 PROFINET Network

续表

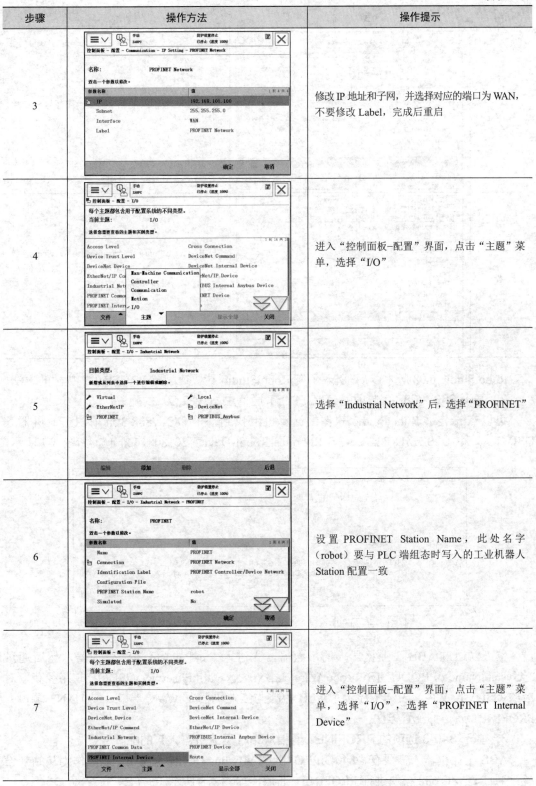

步骤	操作方法	操作提示
3	控制面板 – 配置 – Communication – IP Setting – PROFINET Network 名称: PROFINET Network IP 192.168.101.100 Subnet 255.255.255.0 Interface WAN Label PROFINET Network	修改 IP 地址和子网，并选择对应的端口为 WAN，不要修改 Label，完成后重启
4	控制面板 – 配置 – I/O 每个主题都包含用于配置系统的不同类型。 当前主题: I/O 选择您需要查看的主题和实例类型。 Access Level / Cross Connection Device Trust Level / DeviceNet Command DeviceNet Device / DeviceNet Internal Device EtherNet/IP Co / Man-Machine Communication / Net/IP Device Industrial Net / Controller / BUS Internal Anybus Device PROFINET Commo / Communication / NET Device PROFINET Inter / Motion / ✓ I/O	进入"控制面板–配置"界面，点击"主题"菜单，选择"I/O"
5	控制面板 – 配置 – I/O – Industrial Network 目前类型: Industrial Network 新增或从列表中选择一个进行编辑或删除。 ✓ Virtual / ✗ Local ✗ EtherNetIP / ✗ DeviceNet ✗ PROFINET / ✗ PROFIBUS_Anybus	选择"Industrial Network"后，选择"PROFINET"
6	控制面板 – 配置 – I/O – Industrial Network – PROFINET 名称: PROFINET Name PROFINET Connection PROFINET Network Identification Label PROFINET Controller/Device Network Configuration File PROFINET Station Name robot Simulated No	设置 PROFINET Station Name，此处名字（robot）要与 PLC 端组态时写入的工业机器人 Station 配置一致
7	控制面板 – 配置 – I/O 每个主题都包含用于配置系统的不同类型。 当前主题: I/O 选择您需要查看的主题和实例类型。 Access Level / Cross Connection Device Trust Level / DeviceNet Command DeviceNet Device / DeviceNet Internal Device EtherNet/IP Command / EtherNet/IP Device Industrial Network / PROFIBUS Internal Anybus Device PROFINET Common Data / PROFINET Device PROFINET Internal Device / Route	进入"控制面板–配置"界面，点击"主题"菜单，选择"I/O"，选择"PROFINET Internal Device"

续表

步骤	操作方法	操作提示
8	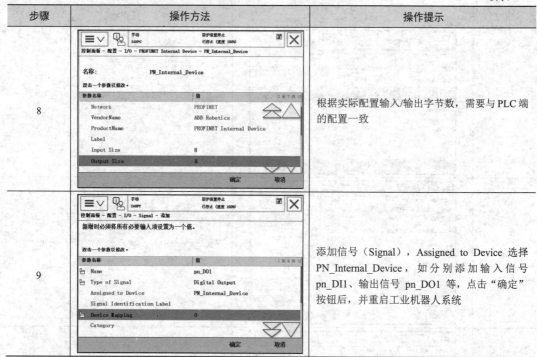	根据实际配置输入/输出字节数，需要与 PLC 端的配置一致
9		添加信号（Signal），Assigned to Device 选择 PN_Internal_Device，如分别添加输入信号 pn_DI1、输出信号 pn_DO1 等，点击"确定"按钮后，并重启工业机器人系统

RobotStudio 6.08 版本以后，引入了在 RobotStudio 端快速配置 PROFINET 从站的方法。

2．基于 888-2/888-3 选项的 PROFINET 通信主站（PLC）的配置

可以在安装了 RobotStudio 软件的计算机上找到基于 888-2/888-3 选项的工业机器人 GSDML 文件（GSDML-V2.33-ABB-Robotics-Robot-Device-20180814.xml），如图 4-7 所示。

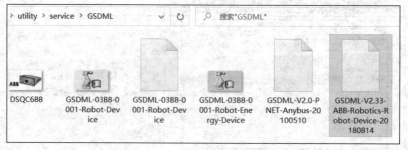

图 4-7　基于 888-2/888-3 选项的工业机器人 GSDML 文件

也可以通过 ABB 工业机器人的示教器，先进入 FlexPendant 资源管理器，然后通过 "<SystemName>\PRODUCTS\<RobotWare_xx.xx.xxxx>\utility\service\GSDML\" 路径获取对应的 GSDML 文件。表 4-7 显示了 PLC 直接与工业机器人 WAN 端口（或 LAN3 端口）PROFINET 通信的配置方法。

3．基于 840-3 选项的 PROFINET 通信从站（工业机器人）的配置

ABB 工业机器人需要有"840-3 PROFINET Anybus Device"选项，才能作为从站（设备）通过 DASC 688 模块进行 PROFINET 通信，如图 4-8 所示。

表 4-7　PLC 直接与工作机器人 WAN 端口 PROFINET 通信的配置方法

步骤	操作方法	操作提示
1	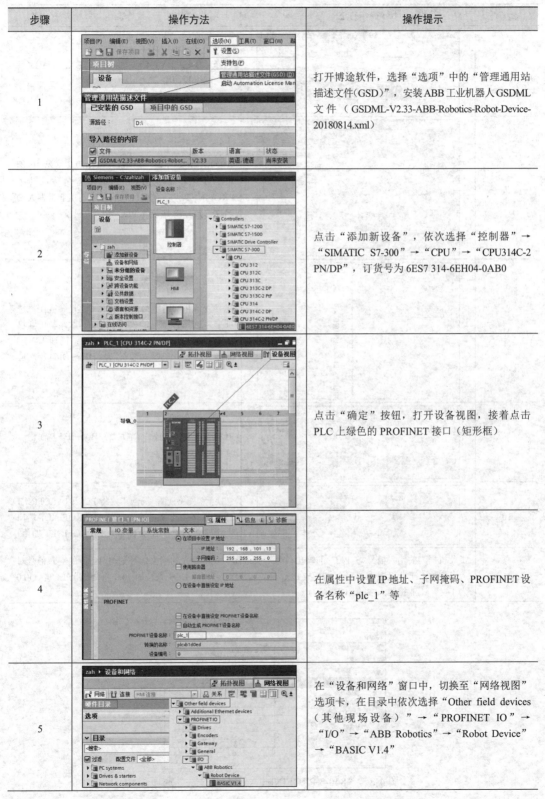	打开博途软件，选择"选项"中的"管理通用站描述文件（GSD）"，安装 ABB 工业机器人 GSDML 文件（GSDML-V2.33-ABB-Robotics-Robot-Device-20180814.xml）
2		点击"添加新设备"，依次选择"控制器"→"SIMATIC S7-300"→"CPU"→"CPU314C-2 PN/DP"，订货号为 6ES7 314-6EH04-0AB0
3		点击"确定"按钮，打开设备视图，接着点击 PLC 上绿色的 PROFINET 接口（矩形框）
4		在属性中设置 IP 地址、子网掩码、PROFINET 设备名称"plc_1"等
5		在"设备和网络"窗口中，切换至"网络视图"选项卡，在目录中依次选择"Other field devices（其他现场设备）"→"PROFINET IO"→"I/O"→"ABB Robotics"→"Robot Device"→"BASIC V1.4"

续表

步骤	操作方法	操作提示
6	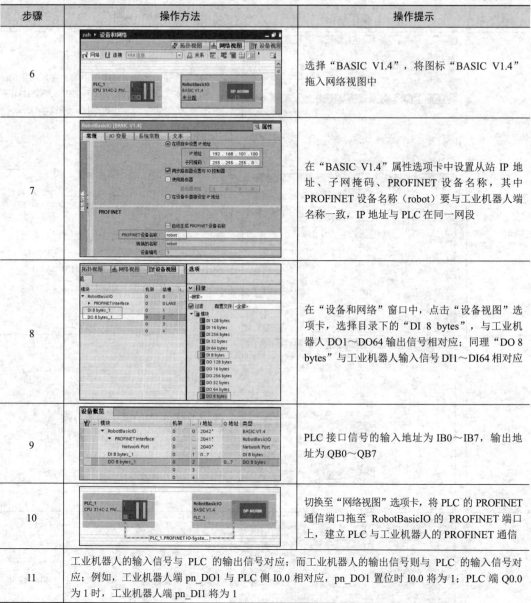	选择"BASIC V1.4",将图标"BASIC V1.4"拖入网络视图中
7		在"BASIC V1.4"属性选项卡中设置从站 IP 地址、子网掩码、PROFINET 设备名称,其中 PROFINET 设备名称(robot)要与工业机器人端名称一致,IP 地址与 PLC 在同一网段
8		在"设备和网络"窗口中,点击"设备视图"选项卡,选择目录下的"DI 8 bytes",与工业机器人 DO1~DO64 输出信号相对应;同理"DO 8 bytes"与工业机器人输入信号 DI1~DI64 相对应
9		PLC 接口信号的输入地址为 IB0~IB7,输出地址为 QB0~QB7
10		切换至"网络视图"选项卡,将 PLC 的 PROFINET 通信端口拖至 RobotBasicIO 的 PROFINET 端口上,建立 PLC 与工业机器人的 PROFINET 通信
11	工业机器人的输入信号与 PLC 的输出信号对应;而工业机器人的输出信号则与 PLC 的输入信号对应;例如,工业机器人端 pn_DO1 与 PLC 侧 I0.0 相对应,pn_DO1 置位时 I0.0 将为 1;PLC 端 Q0.0 为 1 时,工业机器人端 pn_DI1 将为 1	

图 4-8　"840-3 PROFINET Anybus Device"选项

表 4-8 显示了基于"840-3 PROFINET Anybus Device"选项配置 PROFINET 通信从站的方法。

表 4-8　基于"840-3 PROFINET Anybus Device"选项配置 PROFINET 通信从站的方法

步骤	操作方法	操作提示
1		从 ABB 菜单进入"控制面板–配置–I/O–Industrial Network"界面，选择"PROFINET_Anybus"选项
2		根据要求修改 IP 地址、子网掩码、网关等参数，并点击"确定"按钮，重启工业机器人系统
3		进入"控制面板–配置–I/O"界面，选择"PROFINET Internal Anybus Device"选项，点击"显示全部"按钮
4		双击"PN_Internal_Anybus"选项
5		根据实际修改输入、输出字节数，并点击"确定"按钮

续表

步骤	操作方法	操作提示
6	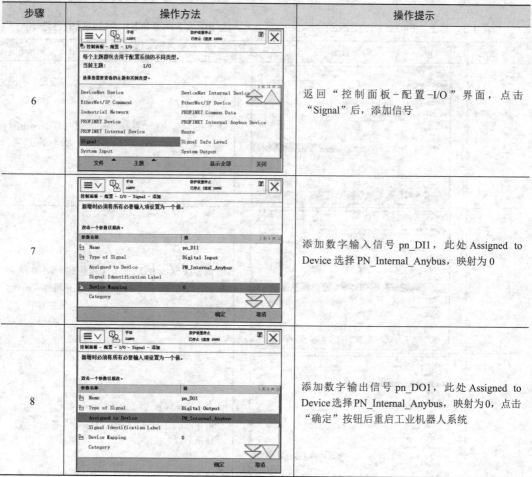	返回"控制面板－配置－I/O"界面，点击"Signal"后，添加信号
7		添加数字输入信号 pn_DI1，此处 Assigned to Device 选择 PN_Internal_Anybus，映射为 0
8		添加数字输出信号 pn_DO1，此处 Assigned to Device 选择 PN_Internal_Anybus，映射为 0，点击"确定"按钮后重启工业机器人系统

4. 基于 840-3 选项的 PROFINET 通信主站（PLC）的配置

我们既可以通过 RobotStudio 软件获取 840-3 PROFINET Anybus Device 选项的 GSDML 文件（GSDML-V2.0-PNET-Anybus-20100510.xml），如图 4-9 所示；也可以通过示教器的资源管理器进入"<SystemName>\PRODUCTS\<RobotWare_xx.xx.xxxx>\utility\service\GSDML\"路径获取该文件。

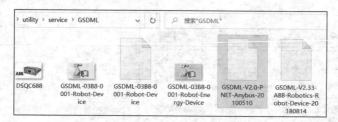

图 4-9　获取 840-3 PROFINET Anybus Device 选项的 GSDML 文件

表 4-9 显示了 PLC 与安装 DSQC 688 模块的 ABB 工业机器人 PROFINET 通信的配置方法。

表4-9 PLC与安装DSQC 688模块的ABB工业机器人PROFINET通信的配置方法

步骤	操作方法	操作提示
1	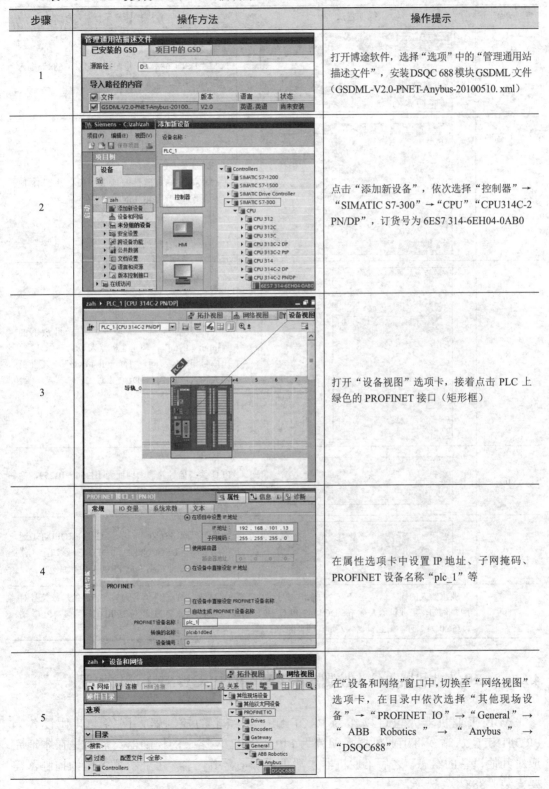	打开博途软件,选择"选项"中的"管理通用站描述文件",安装DSQC 688模块GSDML文件(GSDML-V2.0-PNET-Anybus-20100510.xml)
2		点击"添加新设备",依次选择"控制器"→"SIMATIC S7-300"→"CPU""CPU314C-2 PN/DP",订货号为6ES7 314-6EH04-0AB0
3		打开"设备视图"选项卡,接着点击PLC上绿色的PROFINET接口(矩形框)
4		在属性选项卡中设置IP地址、子网掩码、PROFINET设备名称"plc_1"等
5		在"设备和网络"窗口中,切换至"网络视图"选项卡,在目录中依次选择"其他现场设备"→"PROFINET IO"→"General"→"ABB Robotics"→"Anybus"→"DSQC688"

续表

步骤	操作方法	操作提示
6	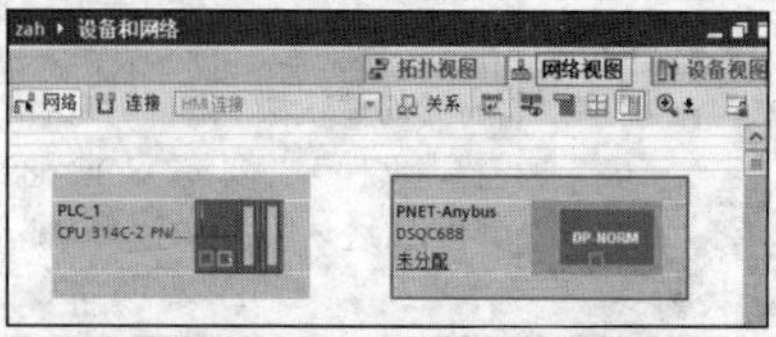	选择"DSQC688",将图标"DSQC688"拖入网络视图中
7	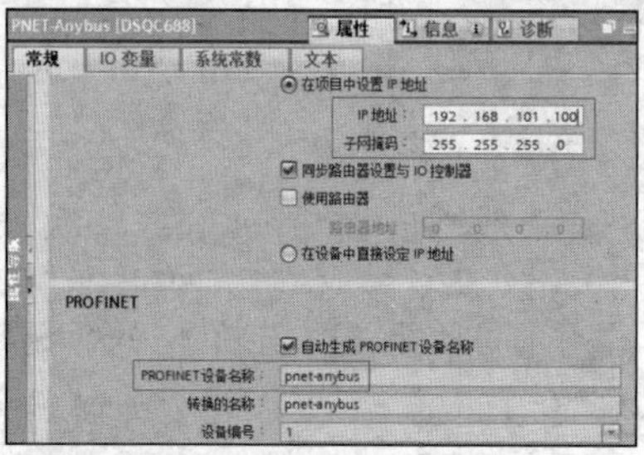	在"DSQC688"属性选项卡中设置从站 IP 地址、子网掩码、PROFINET 设备名称
8	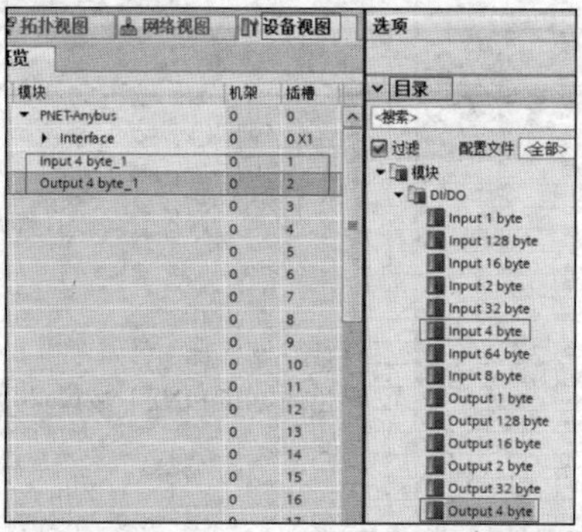	点击"设备视图"选项卡,选择目录下的"Input 4 byte",与工业机器人 DO1~DO32 输出信号相对应;同理"Output 4 byte"与工业机器人输入信号 DI1~DI32 相对应
9	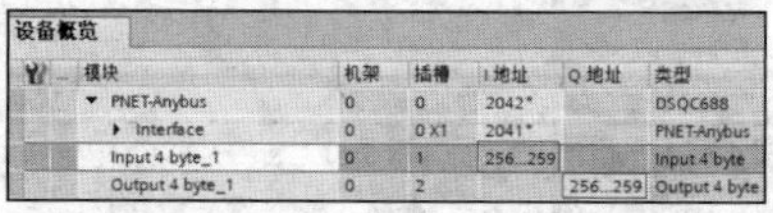	PLC 接口信号的输入地址为 IB256~IB259,输出地址为 QB256~QB259
10		切换至"网络视图",将 PLC 的 PROFINET 通信端口拖至 DSQC688 的 PROFINET 端口上,建立 PLC 与工业机器人的 PROFINET 通信
11	工业机器人的输入信号与 PLC 的输出信号对应;而工业机器人的输出信号则与 PLC 的输入信号对应;例如,工业机器人端 pn_DO1 与 PLC 侧 I256.0 相对应,pn_DO1 置位时 I0.0 将为 1;PLC 端 Q256.0 为 1 时,工业机器人端 pn_DI1 将为 1	

4.2.3　ABB 工业机器人作为控制器(主站)的 PROFINET 通信配置

ABB 工业机器人也可以作为 PROFINET 网络上的控制器,网络上其他设备为 PROFINET 从站。将工业机器人配置为 PROFINET 网络上的控制器,需要先在本地完成对其他设备的组态,之后工业机器人端再添加信号等内容。工业机器人作为控制器需要安装"888-2"选项。

RobotStudio6.08 以上版本的软件已具备将 ABB 工业机器人配置为 PROFINET 控制器的功能，配置方法如表 4-10 所示（此为在计算机中进行的操作）。

表 4-10　ABB 工业机器人作为控制器的 PROFINET 通信配置方法

步骤	操作方法	操作提示
1	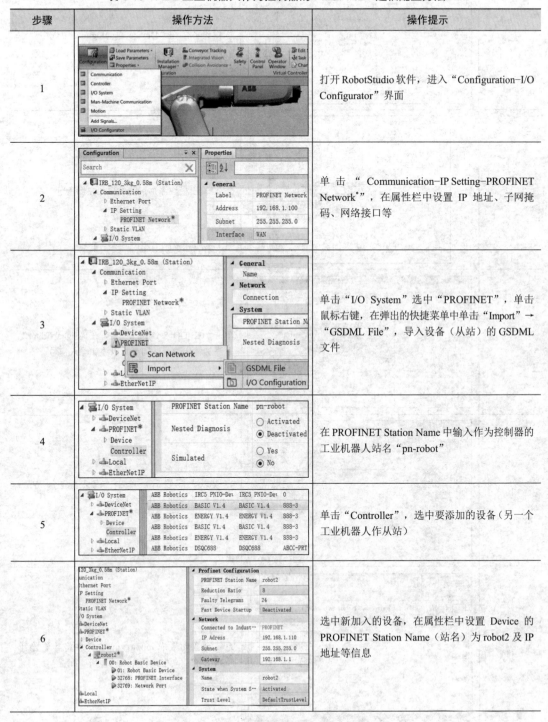	打开 RobotStudio 软件，进入"Configuration-I/O Configurator"界面
2		单击"Communication-IP Setting-PROFINET Network*"，在属性栏中设置 IP 地址、子网掩码、网络接口等
3		单击"I/O System"选中"PROFINET"，单击鼠标右键，在弹出的快捷菜单中单击"Import"→"GSDML File"，导入设备（从站）的 GSDML 文件
4		在 PROFINET Station Name 中输入作为控制器的工业机器人站名"pn-robot"
5		单击"Controller"，选中要添加的设备（另一个工业机器人作从站）
6		选中新加入的设备，在属性栏中设置 Device 的 PROFINET Station Name（站名）为 robot2 及 IP 地址等信息

续表

步骤	操作方法	操作提示
7	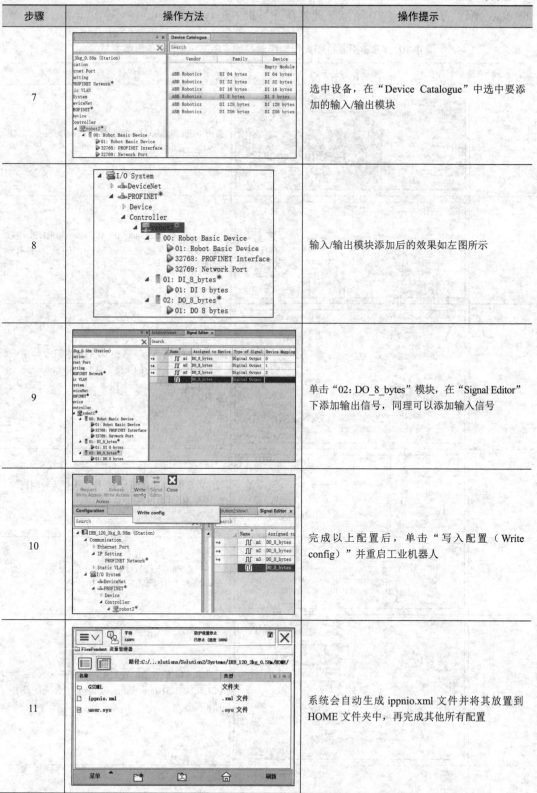	选中设备，在"Device Catalogue"中选中要添加的输入/输出模块
8		输入/输出模块添加后的效果如左图所示
9		单击"02：DO_8_bytes"模块，在"Signal Editor"下添加输出信号，同理可以添加输入信号
10		完成以上配置后，单击"写入配置（Write config）"并重启工业机器人
11		系统会自动生成 ippnio.xml 文件并将其放置到 HOME 文件夹中，再完成其他所有配置

4.3 ABB 工业机器人与 PLC 的 TCP/IP 网络通信

【学习目标】
- 掌握 Socket 通信网络的设置方法。
- 了解创建 Socket 通信的流程。
- 熟悉 ABB 工业机器人 Socket 服务器端的编程方法。
- 熟悉 ABB 工业机器人 Socket 客户端的编程方法。
- 了解 ABB 工业机器人与 PLC 的 Socket 通信应用开发流程。
- 培养善于因时制宜、开拓创新的能力。

知识学习&能力训练

4.3.1 Socket 通信简介

Socket 称为套接字，包括 IP 地址和 Port（端口号），提供向应用层传送数据包的机制。它是网络环境中进程间通信的应用程序接口（API），也是可以被命名和寻址的通信端点，通信时每一个 Socket 都有其类型和一个与之相连的进程。通信时其中一个网络应用程序将要传输的一段信息写入它所在主机的 Socket 中，该 Socket 通过与网卡相连的传输介质将这段信息送到另外一台主机的 Socket 中，使对方能够接收到这段信息。

ABB 工业机器人使用 Socket 通信，需要有 616-1 PC Interface 选项，如图 4-10 所示。应用 Socket 通信，工业机器人能够与计算机、PLC、智能相机等进行网络通信，传送控制指令并接收信息反馈等。

图 4-10 ABB 工业机器人的 616-1 PC Interface 通信选项

4.3.2 Socket 通信网络的设置

1. 端口选择与 IP 地址的设置

Socket 通信使用 TCP/IP，通常使用工业机器人控制器的 WAN 端口、LAN3 端口或 Service Port（服务端口）。由于服务端口的 IP 地址为固定值 192.168.125.1，PC 端若要连接服务端口，可以将 IP 设为自动获取，也可以将 IP 设为 192.168.125.X 中的某一地址，其中 X 取值范围为 2～254。表 4-11 显示了 Socket 通信的设置方法。

表 4-11 Socket 通信的设置方法

步骤	操作方法	操作提示
1		进入"控制面板-配置"界面，点击"主题"菜单，选择"Communication（通信）"
2		选择并双击打开"IP Setting"
3		设置 IP、子网掩码，选择端口为 LAN3，点击"确定"按钮并重启工业机器人系统

上述方法也可用于 WAN 端口的设置。

2. 同时使用 Socket 与 PROFINET 通信的配置

WAN 端口可以配置为同时使用 Socket 与 PROFINET 通信，具体步骤如表 4-12 所示。

表 4-12　同时使用 Socket 与 PROFINET 通信的配置步骤

步骤	操作方法	操作提示
1	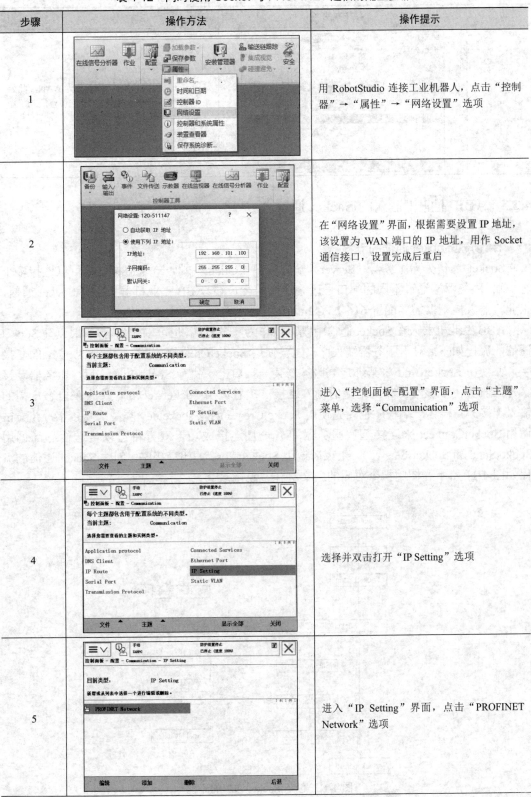	用 RobotStudio 连接工业机器人，点击"控制器"→"属性"→"网络设置"选项
2		在"网络设置"界面，根据需要设置 IP 地址，该设置为 WAN 端口的 IP 地址，用作 Socket 通信接口，设置完成后重启
3		进入"控制面板–配置"界面，点击"主题"菜单，选择"Communication"选项
4		选择并双击打开"IP Setting"选项
5		进入"IP Setting"界面，点击"PROFINET Network"选项

续表

步骤	操作方法	操作提示
6	![控制面板截图] 控制面板 - 配置 - Communication - IP Setting - PROFINET Network 名称：PROFINET Network 双击一个参数以修改。 IP 192.168.101.100 Subnet 255.255.255.0 Interface WAN Label PROFINET Network	修改 IP 地址，选择对应的端口为 WAN，此处 IP 地址应与步骤 2 配置的系统 WAN 端口 IP 地址相同，完成后重启系统

4.3.3 ABB 工业机器人的 Socket 通信

1. 创建 Socket 通信的流程

Socket 通信分为服务器（Server）端与客户（Client）端，一个服务器端可以连接多个客户端。服务器端通过不同的端口号区分连接的客户端。ABB 工业机器人支持 Socket 通信，工业机器人控制器需要配置 616-1 PC Interface 选项。

ABB 工业机器人在 Socket 通信中既可以作为服务器端，也可以作为客户端。创建 Socket 通信的流程如下。对于服务器端程序，先要使用 SocketCreate 创建类型为 socketdev 的套接字，并使用 SocketBind 将其绑定至服务器某一端口上。执行 SocketListen 后，服务器套接字开始监听位于该端口和地址上的输入连接，接着调用 SocketAccept，接收来自客户端的输入连接。同样客户端程序也要先使用 SocketCreate 创建 socketdev 类型的套接字，并尝试调用 SocketConnect 来连接远程服务器端，一旦连接成功，双方将可以传送信息（调用 SocketSend 和 SocketReceive），结束后调用 SocketClose 关闭套接字。创建 Socket 通信的流程如图 4-11 所示（图中指令对应的中文解释参见附录 A）。

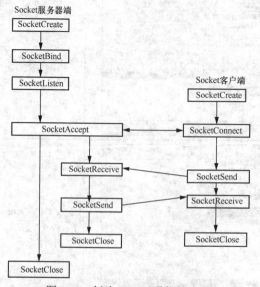

图 4-11 创建 Socket 通信的流程

2．Socket 服务器端的编程

新建 Socket 服务器端程序模块和例行程序，并添加 Socket 程序代码。与 Socket 相关的指令均在"Communicate"指令集下，如图 4-12 所示。

Socket 服务器端的编程思路如下。首先创建服务器端通信套接字，并将其绑定至服务器端口 1025；在执行 SocketListen 后，服务器端通信套接字开始监听输入连接；调用 SocketAccept 接收来自客户端的输入连接，并将客户端地址存储在字符串 client_ip 中。然后服务器接收来自客户端的字符串消息，并将消息存储在 receive_string 中。最后服务器端向客户端发送"Hello,Success!"，并关闭客户端连接。

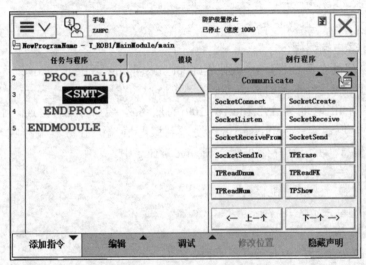

图 4-12　Communicate 指令集

代码如下。

```
VAR socketdev server_socket;    //定义服务器端通信套接字变量 server_socket
VAR socketdev client_socket;    //定义客户端通信套接字变量 client_socket
VAR string receive_string;      //定义字符串变量 receive_string
VAR string client_ip;           //定义字符串变量 client_ip
    …
SocketCreate server_socket;     //创建服务器端通信套接字
//将套接字与服务器端 IP 地址和端口号绑定
SocketBind server_socket, "192.168.101.100", 1025;
SocketListen server_socket;     //开始监听输入连接
WHILE keep_listening DO         //逻辑变量 keep_listening 为 TRUE 时执行循环
    SocketAccept server_socket, client_socket\ClientAddress:=client_ip;
    //SocketAccept 接收来自客户端的输入连接，并将客户端地址存储在 client_ip 中
    SocketReceive client_socket\Str := receive_string;
    //服务器接收来自客户端的字符串消息，并将消息存储在 receive_string 中
    SocketSend client_socket\Str := "Hello,Success!";
```

```
    //服务器端向客户端发送"Hello,Success!"
        ...
    SocketClose client_socket;
    //关闭客户端连接
ENDWHILE
ERROR//出错处理
    RETRY;
UNDO
    SocketClose server_socket;
    SocketClose client_socket;
```

3. Socket 客户端编程

在客户端创建两个例行程序，分别为 client_messaging、client_recover，在例行程序中自定义错误处理，包括通信超时、socket 关闭等情形。在程序 client_recover 中，创建客户端套接字，并与 IP 地址为 192.168.101.100 的服务器端口 1025 相连。在程序 client_messaging 中，客户端将"Hello server"发送到服务器端，服务器端接收客户端发送的"Hello server"信息，并将其存储在变量 receive_string 中。

例程如下。

```
VAR socketdev client_socket;
VAR string receive_string;
PROC client_messaging()                //client_messaging 例行程序开始
    SocketSend client_socket \Str := "Hello server";
    SocketReceive client_socket \Str := receive_string;
    SocketClose client_socket;
    ERROR        //错误处理
        IF ERRNO = ERR_SOCK_TIMEOUT THEN    //套接字超时
            RETRY;
        ELSEIF ERRNO = ERR_SOCK_CLOSED THEN //套接字关闭
            client_recover;
            RETRY;
        ELSE
            ...
        ENDIF
ENDPROC//client_messaging 例行程序结束

PROC client_recover()              //client_recover 例行程序开始
    SocketClose client_socket;
    SocketCreate client_socket;
    SocketConnect client_socket, "192.168.101.100", 1025;
    ERROR
```

```
        IF ERRNO=ERR_SOCK_TIMEOUT THEN           //套接字超时
            RETRY;
        ELSEIF ERRNO=ERR_SOCK_CLOSED THEN        //套接字关闭
            RETURN;
        ELSE
            …
    ENDIF
ENDPROC      //client_recover 例行程序结束
```

4.3.4　ABB 工业机器人与 PLC 的 Socket 通信应用

具有以太网通信功能的 ABB 工业机器人支持 Socket 通信，为了不影响工业机器人作业的正常运行，前台任务（T_ROB1）主要完成工业机器人正常作业示教程序，而与 PLC 通信的部分被放到后台任务（com）中，前台任务和后台任务通过同名的自定义类型程序数据（可变量）实现数据共享，因此 ABB 工业机器人需要安装"623-1 Multitasking"多任务选项。ABB 工业机器人与 PLC 通信的架构如图 4-13 所示。

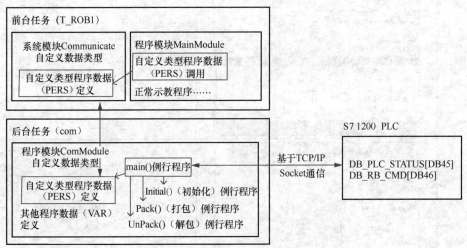

图 4-13　ABB 工业机器人与 PLC 通信的架构

1．ABB 工业机器人 Socket 通信程序的开发

为了不影响工业机器人作业任务的正常运行，工业机器人与 PLC 的通信程序在后台任务中运行，前台任务通过定义与后台任务同名的通信数据变量，对接口数据进行读写操作，进而实现工业机器人与 PLC 的数据通信。下面介绍后台任务的创建、用户自定义数据类型、通信数据变量的定义、通信数据的打包与解包、工业机器人通信程序 main() 及前台应用程序的开发等。

（1）后台任务的创建

ABB 工业机器人后台任务的创建方法如表 4-13 所示。

表 4-13 ABB 工业机器人后台任务的创建方法

步骤	操作方法	操作提示
1		从 ABB 主菜单进入，进入"控制面板-配置"界面，选择"Controller"选项
2		选择"Task"，并双击打开
3		添加新任务，将其命名为"ComTask"，将 Type 修改为"Normal"后重启工业机器人系统
4		重启系统后出现"事件消息 10304"，点击"确认"按钮
5		在示教器的"程序编辑器"界面中可以看到"T_ROB1"和新建的任务"ComTask"

（2）用户自定义数据类型

用户可以使用自定义数据类型的方式设计通信数据接口，再通过 Socket 通信与 PLC 进行信息交互。表 4-14 显示了用户自定义数据类型的方法。

表 4-14　用户自定义数据类型的方法

步骤	操作方法	操作提示
1	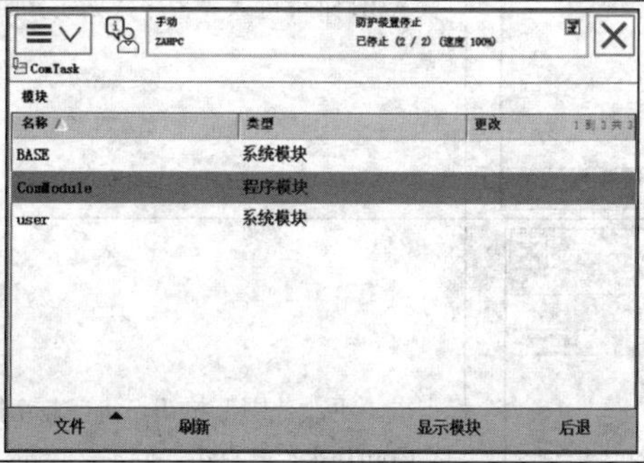	在任务 ComTask 中新建 ComModule 模块
2	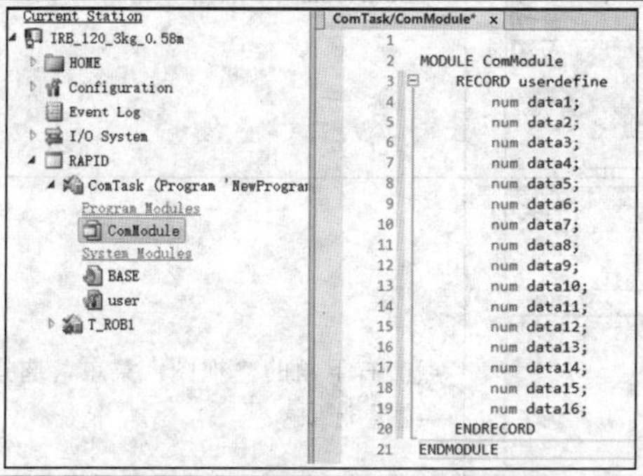	应用 RobotStudio 软件，在 ComModule 模块中使用 RECORD 指令自定义数据类型 userdefine，成员则使用基础数据类型 num，如 num data1 等
3	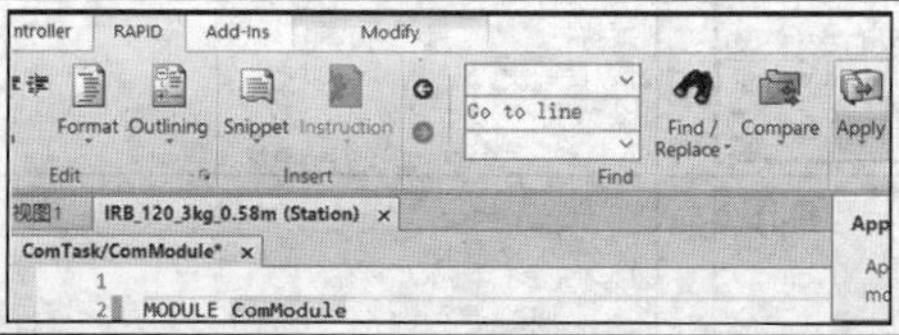	点击 "RAPID" 菜单下的 "Apply"（应用）按钮
4	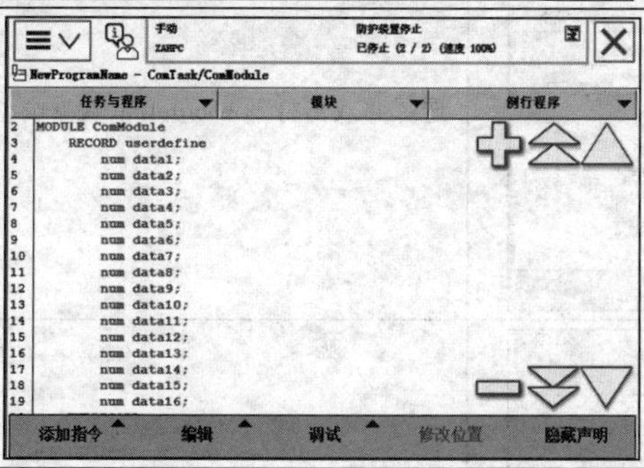	示教器程序已同步更新

（3）通信数据变量的定义

在用户自定义数据类型的基础上，要对其进行数据变量的定义，其存储类型设置为可变量。为了保证工业机器人与 PLC 的双向数据通信，需要分别定义输入变量（datain）与输出变量（dataout），其操作过程如表 4-15 所示。

表 4-15　通信数据变量定义的操作过程

步骤	操作方法	操作提示
1		从 ABB 菜单进入"程序数据"界面
2		点击"更改范围"按钮，将任务切换到 "ComTask"，点击"确定"按钮
3		点击右下角的"视图"菜单，选择"全部数据 类型"选项
4		选择并双击打开 userdefine 数据类型
5		新建 datain、dataout 数据变量，设置"存储类型" 为"可变量"，点击"确定"按钮

步骤	操作方法	操作提示
6	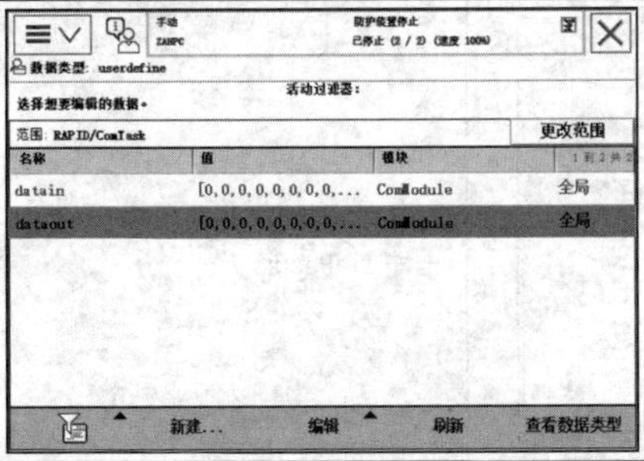	数据变量 datain、dataout 创建完成

（4）通信数据的打包与解包

通信数据的打包与解包分别由例行程序 Pack() 与 Unpack() 完成，分别如表 4-16 和表 4-17 所示。

表 4-16 通信数据的打包编程

步骤	操作方法	操作提示
1	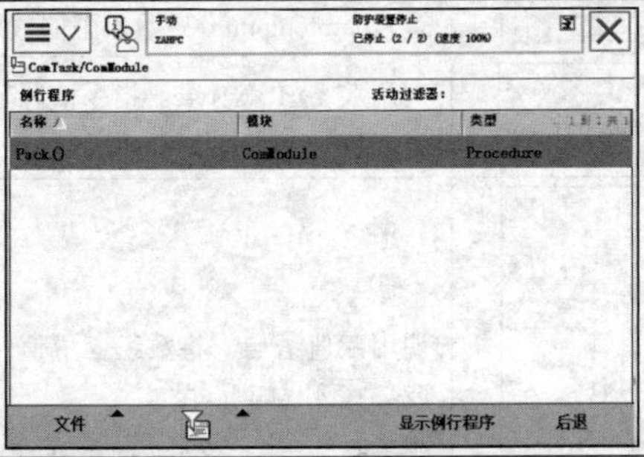	在任务 ComTask 的模块 ComModule 下创建例行程序 Pack()
2		调用 ClearRawBytes 指令清除 senddata 的内容，其中 senddata 为 RawBytes 类型的变量
3	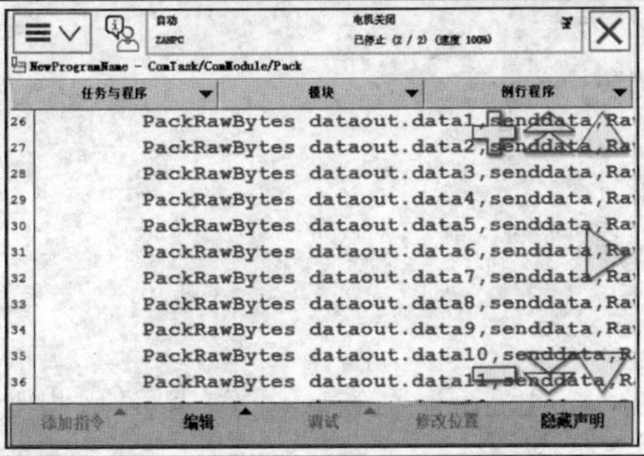	调用 PackRawBytes 指令打包数据，例程如下。 ``` PackRawBytes dataout.data1,senddata,RawBytes Len(senddata)+1\IntX:=INT; ``` 程序运行结果将 dataout.data1 数据打包到 senddata 变量中，字节长度为 2；其中 RawBytes Len(senddata)+1 是打包数据的起始位置

表 4-17　通信数据的解包编程

步骤	操作方法	操作提示
1		在任务 ComTask 的模块 ComModule 下创建例行程序 UnPack()

2		调用 UnpackRawBytes 指令解包数据，例程如下。
		`UnpackRawBytes receivedata,3,`
		`comtempnum{2}\IntX:=INT;`
		程序含义：解包 receivedata 数据，将开始字节为 3 的数据（INT 表示共 2 个字节）保存到 comtempnum{2} 变量中；3 是解包数据的起始位置，comtempnum 是数值型的数组变量

3	`ClearRawBytes receivedata;` `ENDPROC`	调用 ClearRawBytes 指令清除 receivedata 的内容；其中 receivedata 为 rawbytes 类型的数据变量
4		调用赋值语句，将数组变量值传送给输入数据成员，例程如下。 `datain.data2:=comtempnum{2};`

（5）工业机器人通信程序 main() 的开发

工业机器人与 PLC 通信时，工业机器人为通信客户端，PLC 为服务器端。因此在工业机器人通信程序中需要调用 SocketConnect 连接 PLC，其中"192.168.101.13"为 PLC 的 IP 地址，2001 为端口号。例程如下。

```
PROC main()
    Initial;                    //初始化变量
    SocketClose socket1;        //关闭套接字
    WaitTime 1;                 //延时 1s
    SocketCreate socket1;       //创建套接字
    SocketConnect socket1,"192.168.101.13",2001;    //将客户端连接服务器端
    WHILE TRUE DO               //执行循环
        SocketReceive socket1\RawData:=receivedata; // Socket 接收数据
        UnPack;                 //调用解包程序
```

```
        WaitTime 0.25;        //延时 0.25s
        Pack;                 //调用打包程序
        SocketSend socket1\RawData:=senddata;        //Socket 发送数据
        WaitTime 0.25;        //延时 0.25s
    ENDWHILE
ERROR    //错误处理
    RETURN ;
ENDPROC
```

（6）前台应用程序的开发

工业机器人前台任务（T_ROB1）应用程序的开发主要包括创建模块和例行程序、自定义数据类型及定义通信变量等，如表 4-18 所示。

表 4-18　工业机器人前台任务的编程

步骤	操作方法	操作提示
1	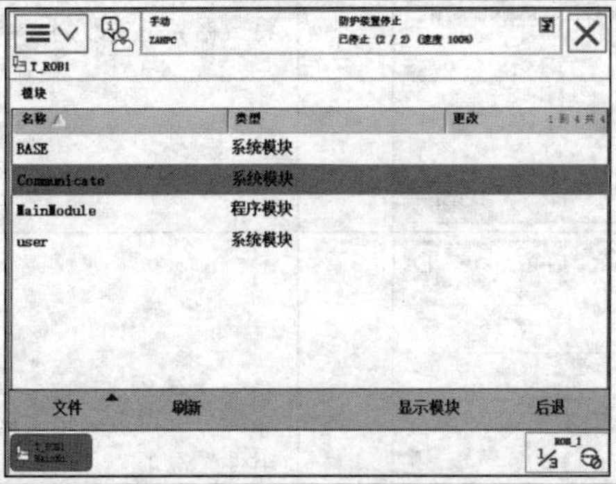	在 T_ROB1 任务中新建系统模块"Communicate"
2	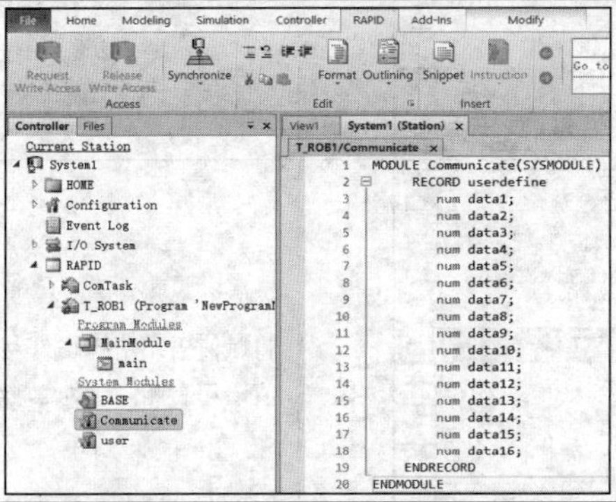	应用 RobotStudio 软件，在 Communicate 模块中使用 RECORD 指令自定义数据类型 userdefine
3	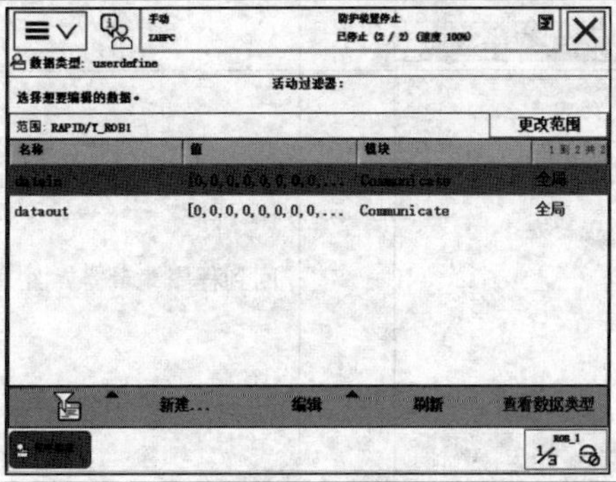	在系统模块 Communicate 中定义通信数据变量 datain、dataout

续表

步骤	操作方法	操作提示
4		在程序模块 MainModule 的程序 main()中添加赋值指令
5		将数据类型更改为 userdefine
6		点击"编辑"菜单，选择"添加记录组件"选项
7		将赋值语句左侧修改为 dataout.data1，将赋值语句右侧修改为 2，点击"确定"按钮
8		回到程序编辑器界面

最后还要将后台任务的 Type（类型）修改为 Semistatic 并重启，如图 4-14 所示。

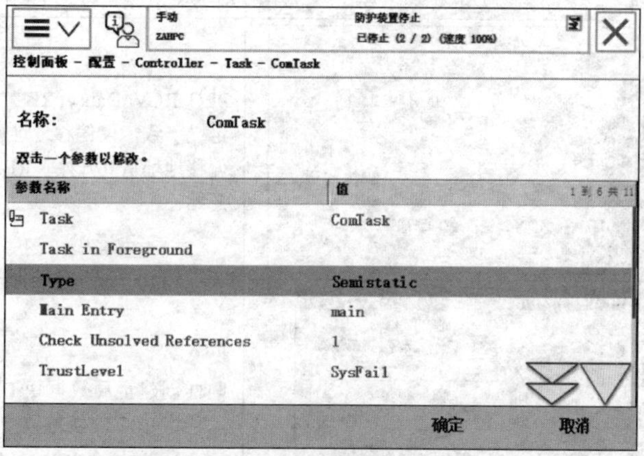

图 4-14　修改后台任务的 Type（类型）

2. 服务器侧（PLC）Socket 通信程序的开发

Socket 通信服务器采用 S7 1200 PLC，主要开发工作包括 PLC 硬件组态、通信数据块创建及通信程序编写等。表 4-19 显示了服务器侧（PLC）Socket 通信程序的开发流程。

表 4-19　服务器侧（PLC）Socket 通信程序的开发流程

步骤	操作方法	操作提示
1	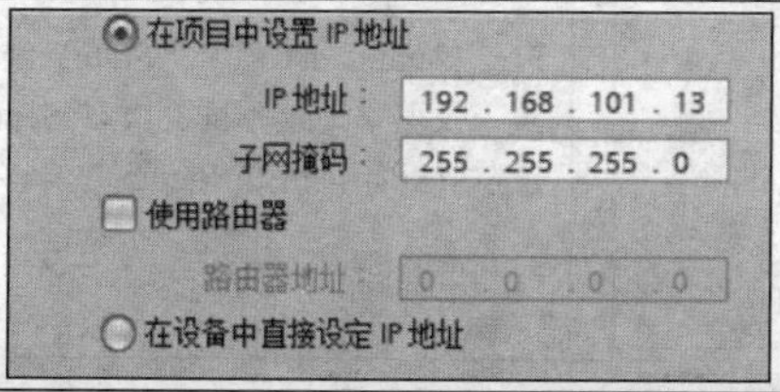	项目 PLC 采用 S7 1200，IP 地址为 192.168.101.13，子网掩码为 255.255.255.0
2	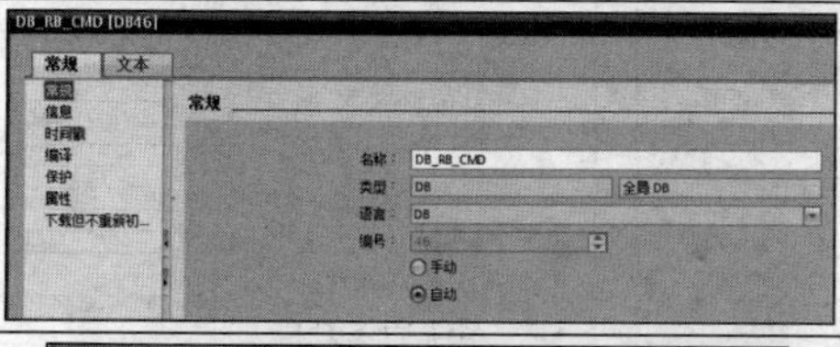	创建全局数据块 DB_RB_CMD，用于接收来自工业机器人的指令数据
3	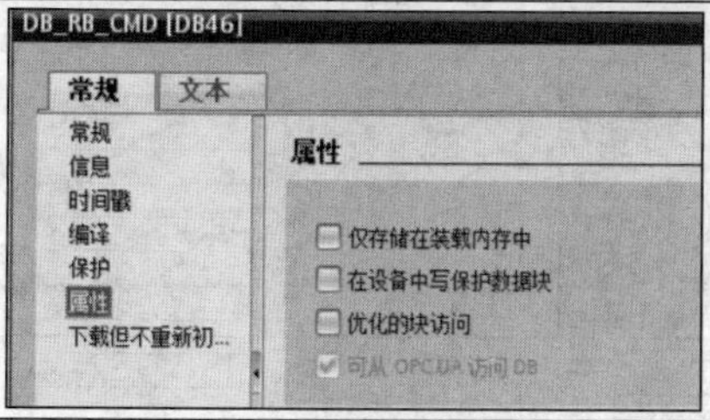	取消勾选"优化的块访问"
4	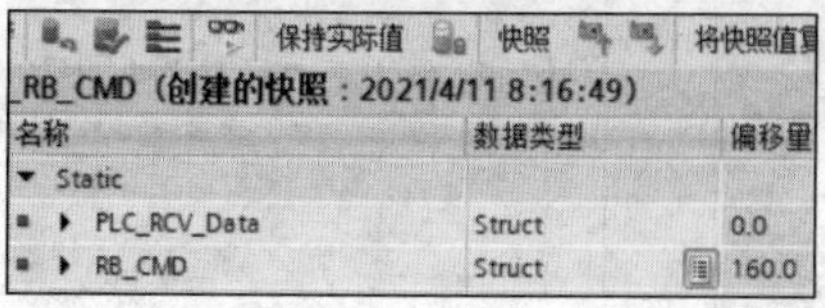	在数据块 DB_RB_CMD 中创建两个 Struct 数据类型成员，分别为 PLC_RCV_Data、RB_CMD。其中 PLC_RCV_Data 结构体直接接收来自工业机器人发送的信息，然后经解析被存入 RB_CMD 结构体

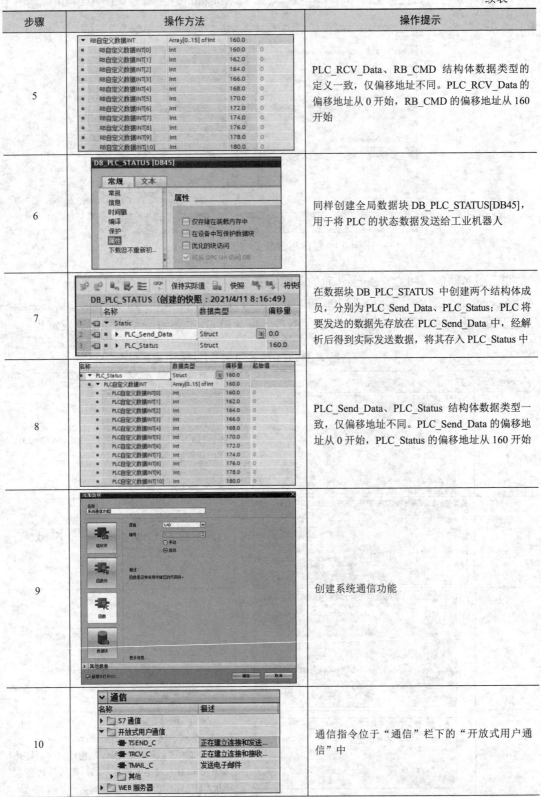

步骤	操作方法	操作提示
5		PLC_RCV_Data、RB_CMD 结构体数据类型的定义一致，仅偏移地址不同。PLC_RCV_Data 的偏移地址从 0 开始，RB_CMD 的偏移地址从 160 开始
6		同样创建全局数据块 DB_PLC_STATUS[DB45]，用于将 PLC 的状态数据发送给工业机器人
7		在数据块 DB_PLC_STATUS 中创建两个结构体成员，分别为 PLC_Send_Data、PLC_Status；PLC 将要发送的数据先存放在 PLC_Send_Data 中，经解析后得到实际发送数据，将其存入 PLC_Status 中
8		PLC_Send_Data、PLC_Status 结构体数据类型一致，仅偏移地址不同。PLC_Send_Data 的偏移地址从 0 开始，PLC_Status 的偏移地址从 160 开始
9		创建系统通信功能
10		通信指令位于"通信"栏下的"开放式用户通信"中

续表

步骤	操作方法	操作提示
11	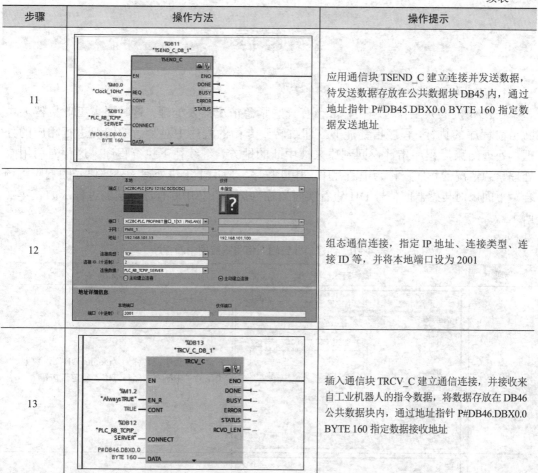	应用通信块 TSEND_C 建立连接并发送数据，待发送数据存放在公共数据块 DB45 内，通过地址指针 P#DB45.DBX0.0 BYTE 160 指定数据发送地址
12		组态通信连接，指定 IP 地址、连接类型、连接 ID 等，并将本地端口设为 2001
13		插入通信块 TRCV_C 建立通信连接，并接收来自工业机器人的指令数据，将数据存放在 DB46 公共数据块内，通过地址指针 P#DB46.DBX0.0 BYTE 160 指定数据接收地址

由于西门子 PLC 中数据存储方式不同，接收与发送的数据需要经过解析，采用 SWAP_WORD 指令交换高低数据位。以 PLC 接收到的工业机器人数据解析为例，代码如下。

```
FOR #I := 0 TO 15 DO
    //工业机器人-PLC 用户自定义 INT 数据解析
    "DB_RB_CMD".RB_CMD.RB 自定义数据 INT[#I] :=
    SWAP_WORD("DB_RB_CMD".PLC_RCV_Data.RB 自定义数据 INT[#I]);
    "DB_RB_CMD".RB_CMD.RB 自定义数据 REAL[#I] :=
    DWORD_TO_REAL(SWAP_DWORD("DB_RB_CMD".PLC_RCV_Data.RB 自定义数据 REAL[#I]));
    …
END_FOR;
```

PLC 接收到工业机器人发送的数据，并将其存放在"DB_RB_CMD".RB_CMD.RB （P#DB46.DBX0.0 BYTE 160）内，经过 SWAP_WORD("DB_RB_CMD".PLC_RCV_Data.RB 自定义数据 INT[#I])后交换高低字节，并赋值给"DB_RB_CMD".RB_CMD.RB 自定义数据 REAL[#I]，因此在"DB_RB_CMD".RB_CMD 结构体中存放了解析后的最终数据。

模块拓展

1. 工业机器人中断程序

在工业机器人工作过程中，常会有一些紧急情况需要处理，这时要求工业机器人中断当前程序的执行，程序指针能够立即跳转到专门的程序中对紧急的情况进行相应的处理，处理结束后程序指针返回到原来被中断的地方，继续往下执行程序。这种专门用来处理紧急情况的程序，称为中断程序。中断程序一般用于出错处理、外部信号的响应等场合。下面以对传感器的信号 DI1 进行实时监控为例，介绍中断程序创建的过程，如表 4-20 所示。

表 4-20 创建对外部输入信号响应的中断程序

步骤	操作方法	操作提示
1		新建例行程序，名称为"monitorDI1"，数据类型为"中断"，然后点击"确定"按钮
2		在中断程序中添加相应的指令
3		创建初始化例行程序"initial"

续表

步骤	操作方法	操作提示
4	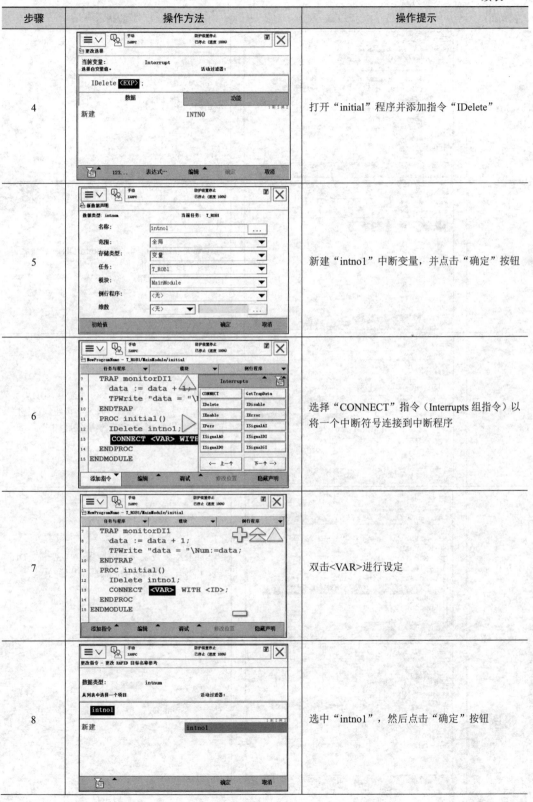	打开"initial"程序并添加指令"IDelete"
5		新建"intno1"中断变量,并点击"确定"按钮
6		选择"CONNECT"指令(Interrupts 组指令)以将一个中断符号连接到中断程序
7		双击<VAR>进行设定
8		选中"intno1",然后点击"确定"按钮

步骤	操作方法	操作提示
9	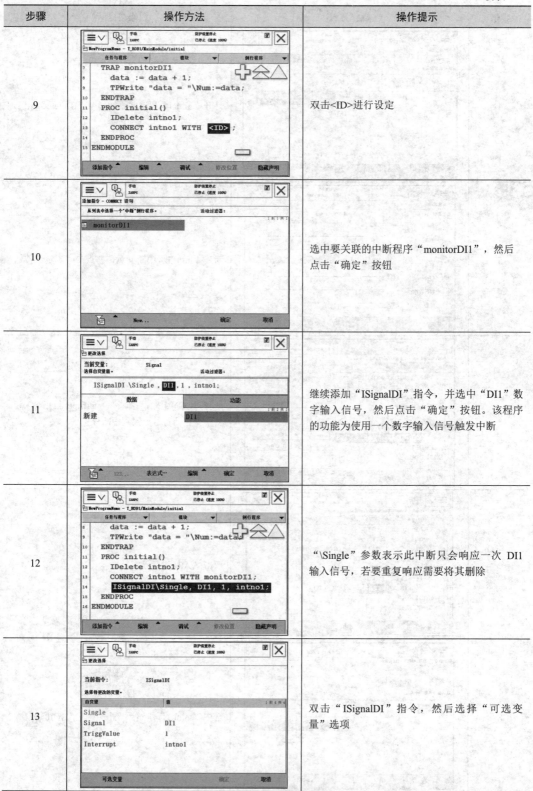	双击<ID>进行设定
10		选中要关联的中断程序"monitorDI1",然后点击"确定"按钮
11		继续添加"ISignalDI"指令,并选中"DI1"数字输入信号,然后点击"确定"按钮。该程序的功能为使用一个数字输入信号触发中断
12		"\Single"参数表示此中断只会响应一次 DI1 输入信号,若要重复响应需要将其删除
13		双击"ISignalDI"指令,然后选择"可选变量"选项

续表

步骤	操作方法	操作提示
14	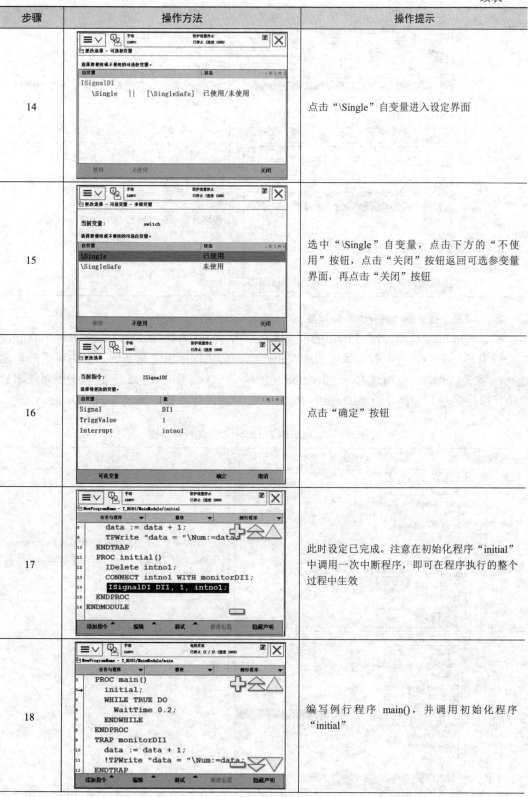	点击"\Single"自变量进入设定界面
15		选中"\Single"自变量，点击下方的"不使用"按钮，点击"关闭"按钮返回可选参变量界面，再点击"关闭"按钮
16		点击"确定"按钮
17		此时设定已完成。注意在初始化程序"initial"中调用一次中断程序，即可在程序执行的整个过程中生效
18		编写例行程序 main()，并调用初始化程序"initial"

续表

步骤	操作方法	操作提示
19		启动程序后，对 DI1 数字输入信号进行仿真控制，当信号由"0"变为"1"时，观察程序数据 data 值的变化
20		程序数据 data 值为 1，说明中断指令生效

2. 事件过程（Event Routine）功能

Event Routine 功能可使用 RAPID 指令编写的例行程序响应系统事件。在 Event Routine 中不能有移动指令，也不能有太复杂的逻辑判断，防止程序出现死循环，影响系统的正常运行。系统启动时，可通过 Event Routine 功能检查 I/O 信号的状态。下面以响应系统事件 Start（程序启动）为例介绍添加 Event Routine 功能的操作步骤，如表 4-21 所示。

表 4-21 添加 Event Routine 功能的操作步骤

步骤	操作方法	操作提示
1		从 ABB 菜单进入"控制面板-配置-I/O System"界面，点击"主题"菜单，选择"Controller"选项
2		双击"Event Routine"选项

续表

步骤	操作方法	操作提示
3	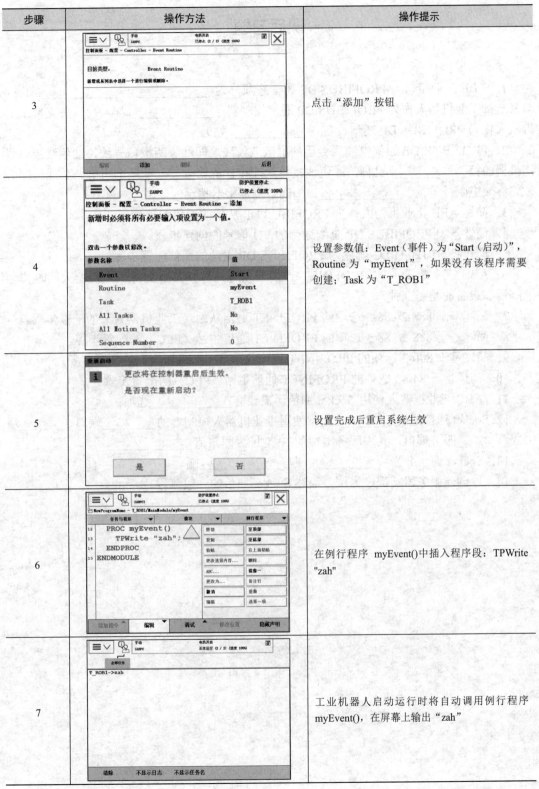	点击"添加"按钮
4		设置参数值：Event（事件）为"Start（启动）"，Routine 为"myEvent"，如果没有该程序需要创建；Task 为"T_ROB1"
5		设置完成后重启系统生效
6		在例行程序 myEvent()中插入程序段：TPWrite "zah"
7		工业机器人启动运行时将自动调用例行程序 myEvent()，在屏幕上输出"zah"

课后习题

1. ABB 工业机器人 PROFIBUS DP 通信选项分为_____与_____两种，前者支持工业机器人作为 PROFIBUS DP 通信控制器（_____站），而后者支持工业机器人作为 PROFIBUS DP 通信设备（_____站）。

2. PROFIBUS DP 通信电缆为专用的屏蔽双绞线，即红绿两根信号线，红色线接总线连接器的第_____引脚，绿色线接总线连接器的第_____引脚。总线两端必须将终端电阻开关置于_____，中间节点连接器拨至_____。

3. 简述 ABB 工业机器人作为 PROFIBUS DP 从站的通信配置步骤。

4. 简述基于 PROFIBUS DP 总线通信的 I/O 信号的创建步骤。

5. 简述将 S7 1200 PLC 配置为 PROFIBUS DP 主站的通信配置步骤。

6. ABB 工业机器人的 PROFINET 通信选项有几种？其中支持工业机器人同时作为控制器和设备的是哪一种？

7. 简述基于 888-2/888-3 选项的 PROFINET 通信从站（工业机器人）的配置步骤。

8. 简述基于 888-2/888-3 选项的 PROFINET 通信主站（PLC）的配置步骤。

9. 简述基于 840-3 选项的 PROFINET 通信从站（工业机器人）的配置步骤。

10. 简述基于 840-3 选项的 PROFINET 通信主站（PLC）的配置步骤。

11. ABB 工业机器人使用 Socket 通信，需要有_____选项。

12. Socket 通信使用_____，通常使用工业机器人控制器的_____端口、_____端口或_____服务端口，其中服务端口的 IP 地址为固定值_____。

13. Socket 通信分为_____端与_____端。

14. 以创建服务器端程序为例，简述 Socket 通信的一般流程。

模块五

ABB 工业机器人与外围
设备系统集成

5.1　ABB 工业机器人与步进驱动系统集成

【学习目标】
- 理解步进电机的控制原理。
- 熟悉步进驱动器的细分控制。
- 掌握 PLC 工艺对象参数组态的方法。
- 具备步进驱动系统 PLC 控制程序的开发能力。
- 具备应用 ABB 工业机器人编程控制旋转供料机构的能力。
- 注重运用系统思维方法来解决问题，培养和提升系统思维能力。

知识学习&能力训练

5.1.1　步进电机的控制原理

1. 步进驱动系统的基本原理

步进电机是一种将脉冲信号变换成相应的角位移（或线位移）的电磁装置（如图 5-1 所示），是一种特殊的电机。一般电机都是连续转动的，而步进电机则有定位和运转两种基本状态。当有脉冲输入时，步进电机一步一步地转动，每给它一个脉冲信号，它就转过一定的角度，该角度称为步距角。

步进电机需要专门的驱动装置——驱动器供电，如图 5-2 所示。驱动器与步进电机是一个有机的整体。步进驱动器接收来自控制器

图 5-1　步进电机

（如 PLC）一定数量和频率的脉冲信号及方向信号，然后向步进
电机输出功率脉冲信号以控制电机的转动。

2．步进驱动系统的基本参数

（1）步进电机固有步距角

步进电机固有步距角表示控制系统每发一个步进脉冲信号
电机所转动的角度，其值与电机相数、转子齿数、半步/全步相

图 5-2　步进电机驱动器

关，一款两相步进电机（57BYGHR102-23MJ 型）的步距角为 0.9°/1.8°，表示半步工作时
步距角为 0.9°，整步工作时步距角为 1.8°。

（2）步进驱动器的细分

在步进电机步距角不能满足使用要求时，可采用细分
驱动器来驱动步进电机，细分驱动器的原理是通过改变
A、B 相电流的大小，以改变合成磁场的夹角，从而可以
将一个步距角细分为多步。以 AKS-23 细分驱动器为例，
在 SW1、SW2、SW3 这 3 个拨码开关状态分别为 ON、
OFF、ON 时，可设置细分数为 1/32，此时固有步距角为
1.8°的步进电机转一圈需要 6400 个脉冲，如图 5-3 所示。

SW1	SW2	SW3	Pulse/rev
ON	ON	ON	——
OFF	OFF	OFF	1
ON	OFF	OFF	1/2
OFF	ON	OFF	1/4
ON	ON	OFF	1/8
OFF	OFF	ON	1/16
ON	OFF	ON	1/32
OFF	ON	ON	1/64

图 5-3　步进电机驱动器（AKS-23）
拨码开关状态与细分数的关系

5.1.2　步进驱动系统的 PLC 控制

1．步进驱动系统的 PLC 控制方式

根据连接驱动方式不同，S7-1200 PLC 分成以下 3 种运动控制方式。

① 通过基于现场总线的 PROFIdrive 方式与支持 PROFIdrive 的驱动器连接，进行运动控制。

② 通过发送 PTO 脉冲的方式控制驱动器，可以是"脉冲+方向""A/B 正交"的方式，
也可以是"正/反脉冲"的方式。

③ 通过输出模拟量来控制驱动器。

本系统以由 PLC 发送脉冲信号（Q0.0）与方向信号（Q0.1）的方式（如图 5-4 所示）
控制步进驱动系统，实现旋转供料模块的归零与增量运动等。

A—S7 1200 PLC；B—旋转供料机构；C—步进电机
图 5-4　步进驱动系统的 PLC 控制

2．PLC 工艺对象参数组态

PLC 工艺对象参数包括基本参数与扩展参数。进行 PLC 工艺对象参数组态可以指定控

制方式、测量单位及归零，具体操作说明如下。

① 打开博途软件进行 PLC 工艺对象参数组态，单击"工艺对象"→"新增对象"，选中"TO_PositioningAxis"（定位轴工艺对象）并单击"确定"按钮，如图 5-5 所示。

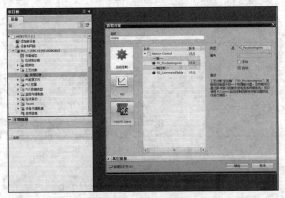

图 5-5　新增定位轴工艺对象（TO_PositioningAxis）

② 更改工艺轴名称为"旋转供料轴"，驱动器选择"PTO"（脉冲串输出），由于执行机构是旋转供料模块，因此位置单位选择"°"（度），如图 5-6 所示。

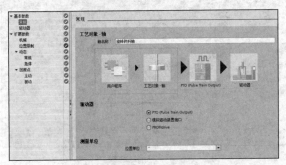

图 5-6　设置基本参数"常规"项

③ 在驱动器设置中将脉冲发生器设为"Pulse_1"，信号类型为"PTO（脉冲 A 和方向 B）"，Q0.0（图中带有"%"说明是绝对地址，编程时由系统自动添加，因此文字说明时不需要添加"%"）为脉冲输出信号，Q0.1 为方向输出信号，如图 5-7 所示。

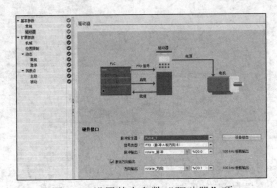

图 5-7　设置基本参数"驱动器"项

④ 选用 AKS-23 高性能细分驱动器，驱动两相步进电机（57BYGHR102-23MJ），细分前步进电机步距角为 1.8°，由拨码开关选择细分数为 32（如图 5-3 所示），得到电机的每转脉冲数 360/1.8×32=6400 pul/rev；步进电机与旋转供料机构间的减速比为 80:1，计算得到电机每转的供料机构转角，也就是负载位移为 360/80=4.5°。"机械"参数的设置如图 5-8 所示。

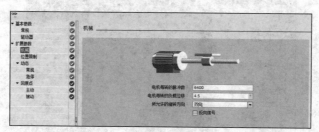

图 5-8　"机械"参数的设置

⑤ 设置扩展动态参数"常规"时首先选择速度限制的单位"°/s"，然后设置最大转速、启动/停止速度，以及加、减速时间，加速度/减速度的值则由系统自动计算得到，如图 5-9 所示。

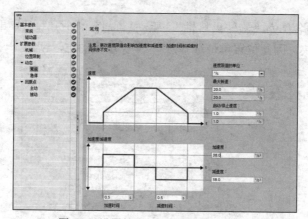

图 5-9　设置扩展动态参数"常规"项

⑥ 将急停减速时间设为 0.1s，系统自动计算得到紧急减速度为 190.0°/s^2，如图 5-10 所示。

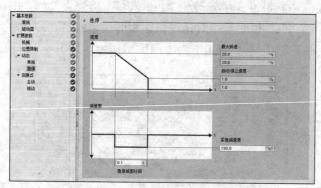

图 5-10　设置急停

⑦ 采用主动回原点方式，设置原点开关信号为 I1.0，高电平有效，逼近速度为 15.0°/s，回原点速度为 10.0°/s，设置的速度是最大速度>逼近速度>回原点速度>启动速度；无须更

改其他参数，如图 5-11 所示。

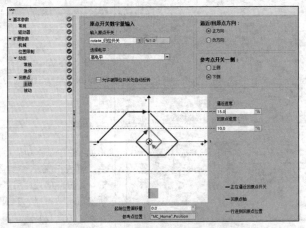

图 5-11　设置主动回原点参数

　　到此为止完成了 PLC 工艺对象参数组态。按照以上组态配置旋转供料机构的正向回原点路径为旋转供料转盘正向旋转→触发原点信号 I1.0→转盘减速至反向旋转→触发原点信号→转盘正向加速至正向旋转→触发原点信号→转盘减速至反向旋转→触发原点信号→转盘停止、回原点。

3．PLC 运动控制程序的编写

　　用户使用 PLC 程序可以启动运动控制作业指令，包括启用轴、绝对定位轴、相对定位轴、以设定的速度移动轴、设置参考点等。用户可以通过运动控制指令的输入参数和轴组态确定命令参数；运动控制指令的输出参数将提供有关状态和所有命令错误的最新信息。

　　启动轴命令前必须使用运动控制指令 MC_POWER 启用轴。通过工艺对象的变量可读取组态数据和当前轴数据。通过用户程序可更改工艺对象的某个变量，如当前加速度，也可以通过运动控制指令 MC_ChangeDynamic 更改轴的动态设置，通过运动控制指令 MC_WriteParam 写入其他组态数据，通过运动控制指令 MC_ReadParam 读取轴的当前运动状态等。表 5-1 显示了旋转供料机构的 PLC 控制程序的编写步骤。

表 5-1　旋转供料机构的 PLC 控制程序的编写步骤

步骤	操作方法	操作提示
1		创建"旋转供料单元"[FC5]，并单击"确定"按钮，编程语言为默认的"LAD"（梯形图）

续表

步骤	操作方法	操作提示
2		在指令菜单"工艺"分组下的"Motion Control"命令组中找到 MC_Power 指令
3		添加 MC_Power 功能块，使用默认的背景数据块；将 Axis 输入参数改为工艺轴"旋转供料轴"；Enable 处使用"=="比较指令，用于判断来自工业机器人的通信接口信号"旋转供料命令"是否为 1
4		添加 MC_Home 功能块及背景数据块；将 Axis 输入参数改为工艺轴"旋转供料轴"；Execute 处使用"=="比较指令，用于判断工业机器人发送给 PLC 的"旋转供料运行指令"是否为 1；Mode 参数为"3"，表示主动回原点，到达原点后位置值为 Position 指定的位置（0.0）
5		添加 MC_MoveJog 功能块与背景数据块；将 Axis 输入参数改为工艺轴"旋转供料轴"；在 JogForward、JogBackrward 引脚上使用"=="比较指令，用于判断"旋转供料运行指令"是否为 30 或 40，从而控制旋转供料机构的正、反转，转速为 Velocity 设定的值（10.0）
6		添加 MC_MoveRelative 功能块与背景数据块；将 Axis 输入参数改为工艺轴"旋转供料轴"；在 Execute 引脚上使用"=="比较指令，用于判断"旋转供料运行指令"是否为 2 且"旋转供料系统状态"是否为 3（归零完成）；将 Distance 引脚值设为 60.0°，Velocity 为运行速度值
7		添加 MOVE 功能块，在系统上电或"旋转供料命令"为 0 时，将 10 赋予旋转供料系统状态，实现状态初始化

步骤	操作方法	操作提示
8		添加指令完成系统状态的写入，当"旋转供料命令"为1时，返回"旋转供料系统状态"为1；当"旋转供料命令"为1且归零动作完成时，"旋转供料系统状态"为3
9		当系统中其他指令模块发生错误时，"旋转供料系统状态"为2
10		添加指令实现"旋转供料指令执行反馈"的写入。当"旋转供料运行指令"为1且归零完成时，将11写入"旋转供料指令执行反馈"；当"旋转供料运行指令"为2且相对运动完成时，将12写入"旋转供料指令执行反馈"

创建工业机器人与 PLC 的通信数据解析程序，具体如下。

步骤 11：

```
//工业机器人—PLC 旋转供料命令写入
"DB_RB_CMD".RB_CMD.旋转供料命令 :=
SWAP_WORD("DB_RB_CMD".PLC_RCV_Data.旋转供料系统命令);
"DB_RB_CMD".RB_CMD.旋转供料运行指令 :=
SWAP_WORD("DB_RB_CMD".PLC_RCV_Data.旋转供料运行指令);
//PLC—工业机器人旋转供料状态反馈
"DB_PLC_STATUS".PLC_Send_Data.旋转供料系统状态 :=
SWAP_WORD ("DB_PLC_STATUS". PLC_Status.旋转供料系统状态);
"DB_PLC_STATUS".PLC_Send_Data.旋转供料指令执行反馈 :=
SWAP_WORD("DB_PLC_ STATUS".PLC_Status.旋转供料指令执行
```

步骤	操作方法	操作提示
12		在程序 main()中调用功能"旋转供料单元"[FC5]

5.1.3　旋转供料机构的 ABB 工业机器人编程控制

工业机器人应用于旋转供料模块的控制接口主要由命令字 rotatecon 与状态字

rotatestate 组成。工业机器人示教程序通过命令字、状态字与 PLC 进行信息交互，实现对旋转供料模块的控制。命令字、状态字的数据类型均为用户自定义的 rotate，其是一维数组元素，包含 syscom、concom 两个成员。ABB 工业机器人控制接口说明如表 5-2 所示。

表 5-2 ABB 工业机器人控制接口说明

控制接口	rotatecon[0,0]	rotatestate[0,0]
接口参数	参数 1（syscom）为旋转供料命令； 参数 2（concom）为旋转供料运行指令	参数 1（syscom）为旋转供料系统状态； 参数 2（concom）为旋转供料运行状态
参数 1（syscom）	0—系统命令清零 1—使能 2—报警复位	1—使能确认 2—报警复位确认 3—完成归零后可以执行相对位移命令的准备就绪状态 10—开机无报警的待机状态
参数 2（concom）	0—运行命令清零 1—归零 2—相对位移 11—归零完成响应 12—相对位移完成响应 30—正转 40—反转 100—交互逻辑中断，命令重新开始	0—进入等待新命令的就绪状态 1—归零命令确认 2—相对位移命令确认 11—归零完成状态 12—相对位移完成状态（每次运行 60°）

为了提高安全性，PLC 端程序将归零及相对位移功能设计为两次握手通信，即工业机器人发出归零或相对位移指令后，PLC 将返回对应的命令确认状态，将命令清零时，该功能才正式启动。并且在 PLC 完成动作后，需要工业机器人发送相同的值确认才清除返回的完成状态。

ABB 工业机器人归零控制程序如下。

```
rotatecon.syscom := 0;              //系统命令清零
rotatecon.concom := 0;              //运行命令清零
WaitUntil rotatestate.syscom=10;    //等待准备就绪状态
rotatecon.syscom := 1;              //发出使能命令
WaitUntil rotatestate.syscom=1;     //等待使能确认
rotatecon.concom := 1;              //发出归零命令
WaitUntil rotatestate.concom=1;     //等待归零命令确认
rotatecon.concom := 0;              //归零命令清零
WaitUntil rotatestate.concom=11;    //等待归零完成状态
rotatecon.concom := 11;             //发出归零完成响应
WaitUntil rotatestate.concom=0;     //等待旋转供料再次回到就绪状态
rotatecon.concom := 0;              //归零完成响应清零
```

ABB 工业机器人相对位移控制程序如下。

```
rotatecon.concom := 2;              //发出相对位移命令
```

```
WaitUntil rotatestate.concom=2;  //等待相对位移命令确认
rotatecon.concom := 0;            //相对位移命令清零
WaitUntil rotatestate.concom=12; //等待相对位移完成状态
rotatecon.concom := 12;           //发出相对位移完成响应
WaitUntil rotatestate.concom=0;  //等待旋转供料再次回到就绪状态
rotatecon.concom := 0;//相对位移完成响应清零
```

5.2　ABB 工业机器人与伺服驱动系统集成

【学习目标】

- 了解 Modbus 通信协议的特点、种类。
- 掌握西门子 PLC 加装 CM1241 通信模块的组态方法。
- 了解西门子 Modbus RTU 主站指令的使用方法。
- 熟悉多摩川伺服驱动器 RS485 通信参数。
- 熟悉多摩川伺服驱动器的 Modbus 访问地址与驱动器的参数关系。
- 掌握西门子 PLC 与多摩川伺服驱动器的 Modbus 通信编程方法。
- 掌握工业机器人端变位机控制编程方法。
- 注重运用系统思维方法来解决问题，培养和提升系统思维能力。

知识学习&能力训练

5.2.1　Modbus 通信

1. Modbus 通信协议简介

Modbus 是一种串行通信协议，是 Modicon 公司（现在的施耐德电气公司）于 1979 年为使用 PLC 通信而发表的。Modbus 通信协议已经成为工业领域通信协议的业界标准，并且是工业电子设备之间常用的连接方式。

Modbus 通信协议是一个主/从架构的协议。有一个节点是主节点，其他使用 Modbus 通信协议参与通信的节点是从节点。每一台从站设备都有一个唯一的地址。在 Modbus 网络中，只有被指定为主节点的节点才可以启动一个命令（在以太网上，任何一台设备都能发送一个 Modbus 命令，但是通常也只有一台主节点设备才能启动指令）。

Modbus 有以下 3 种通信方式。

① 异步串行传输，对应的通信模式有 Modbus RTU（远程终端单元）或 Modbus ASCII。

② 以太网，对应的通信模式是 Modbus TCP/IP。

③ 高速令牌传递网络，对应的通信模式是 Modbus PLUS。

其中 Modbus RTU 是一个标准的网络通信协议，它使用 RS232 或 RS485 电气连接，在 Modbus 网络设备之间传输串行数据。西门子 S7 1200 PLC 可以配置信号模块（CM1241，订货号为 6ES7241-1CH32-0XB0）或信号板（CB1241，订货号为 6ES7241-1CH30-1XB0），用于实现与伺服驱动器的 RS485 通信。

2．通信模块组态

西门子 PLC 与伺服驱动器之间采用 Modbus RTU 通信，一般在 CPU 模块左侧加装 CM1241 RS422/485 通信模块，与伺服驱动器间通过 RS485 电缆线连接。西门子 CM1241 RS422/485 通信模块组态如表 5-3 所示。

表 5-3　西门子 CM1241 RS422/485 通信模块组态

步骤	操作方法	操作提示
1		在右侧硬件目录中依次选择"通信模块"→"点到点"→"CM1241（RS422/485）"，订货号选择"6ES7 241-1CH32-0XB0"，然后将其拖动到 PLC 左侧第二个卡槽（102）中
2		打开 CM1241 模块的属性界面，操作模式为"半双工（RS-485）2 线制模式"，波特率为"19.2 kbps"，停止位为"2"，其他参数不修改
3		打开"PLC 变量"→"显示所有变量"，在右侧"系统常量"列表中找到"Local～AUX1"，也就是 CM1241 模块的端口号（Port），其值为 269，后面调用 Modbus RTU 编程指令时会用到

3．Modbus RTU 通信指令

S7 1200 PLC Modbus RTU 通信指令包含 Modbus RTU 主站指令和从站指令。一般构建 PLC 与伺服驱动器的 Modbus 通信系统时，将 PLC 配置为通信主站，伺服驱动器为通信从站。下面主要介绍通信主站编程指令。

编程 Modbus RTU 主站需要调用 Modbus_Comm_Load 指令和 Modbus_Master 指令（如图 5-12 所示），其中 Modbus_Comm_Load 指令通过 Modbus RTU 协议对通信模块进行组态，Modbus_Master 指令可通过由 Modbus_Comm_Load 指令组态的端口作为 Modbus 主站进行通信，Modbus_Comm_Load 指令的 MB_DB 参数必须连接到 Modbus_Master 指令的（静态）MB_DB 参数。Modbus_Comm_Load 指令的主要参数说明如表 5-4 所示。Modbus_Master 指令的主要参数说明如表 5-5 所示。

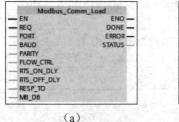
（a）

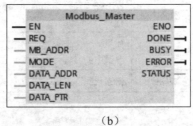
（b）

图 5-12　S7 1200 PLC Modbus RTU 主站编程指令

表 5-4　Modbus_Comm_Load 指令的主要参数说明

引脚	数据类型	说明
EN	Bool	使能端
REQ	Bool	上升沿触发
PORT	Port	通信端口的硬件标识符
BAUD	UDInt	波特率可选择 3600、6000、12000、2400、4800、9600、19200、38400、57600、76800、115200
PARITY	UInt	奇偶检验选择：0—无；1—奇校验；2—偶校验
MB_DB	MB_BASE	对 Modbus_Master 或 Modbus_Slave 指令的背景数据块的引用。MB_DB 参数必须与 Modbus_Master 或 Modbus_Slave 指令中的静态变量 MB_DB 参数相连
DONE	Bool	如果上一个请求完成并且没有错误，DONE 位将变为 TRUE 并保持一个周期
ERROR	Bool	如果上一个请求完成出错，则 ERROR 位将变为 TRUE 并保持一个周期。STATUS 参数中的错误代码仅在 ERROR = TRUE 的周期内有效
STATUS	Word	端口组态错误代码

表 5-5　Modbus_Master 指令的主要参数说明

引脚	数据类型	说明
EN	Bool	使能端
REQ	Bool	TRUE = 请求向 Modbus 从站发送数据，建议采用上升沿触发
MB_ADDR	UInt	Modbus RTU 从站地址。默认地址范围为 0～247；扩展地址范围为 0～65535。值 0 被保留并用于将消息广播到所有 Modbus 从站
MODE	USInt	模式选择：指定请求类型[0（读取）或 1（写入）]
DATA_ADDR	UDInt	从站中的起始地址：指定 Modbus 从站中提供访问的数据的起始地址
DATA_LEN	UInt	数据长度：指定要在该请求中访问的位数或字数

续表

引脚	数据类型	说明
DATA_PTR	Variant	数据指针：指定要进行数据写入或数据读取的标记或数据块地址
DONE	Bool	如果上一个请求完成并且没有错误，DONE 位将变为 TRUE 并保持一个周期
BUSY	Bool	FALSE 表示 Modbus_Master 无激活命令；TRUE 表示 Modbus_Master 命令在执行中
ERROR	Bool	如果上一个请求完成出错，则 ERROR 位将变为 TRUE 并保持一个周期。 STATUS 参数中的错误代码仅在 ERROR = TRUE 的周期内有效
STATUS	Word	错误代码

5.2.2 伺服驱动器

1．伺服驱动器接口分布

系统中变位机的伺服驱动器采用 TAD8811 系列多摩川伺服驱动器，该系列驱动器主要由 I/O 接口、编码器接口、RS485 通信接口、USB 接口、模拟监控输出接口、驱动模块电源接口、驱动器充电指示灯、外部电阻接口（连接伺服电机）、框架接地端子和设置面板组成，如图 5-13 所示。其中，编号 J 为 RS485 通信接口，在模块的下方，接口的针脚分布如图 5-14 所示，A1 为 CAN H(+)，B1 为 CAN L(-)。与西门子 PLC CM1241 模块通信（如图 5-15 所示）时，A1 接至 CM1241 模块的 8 号脚，B1 接至 CM1241 模块的 3 号脚。

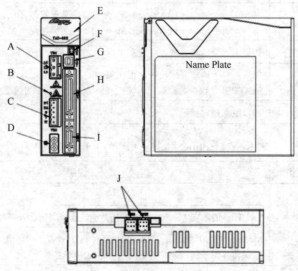

A—驱动模块电源接口；B—驱动器充电指示灯；C—外部电阻接口；D—框架接地端子；E—设置面板；
F—模拟监控输出接口；G—USB 接口；H—I/O 接口；I—编码器接口；J—RS485 通信接口

图 5-13　多摩川伺服驱动器接口

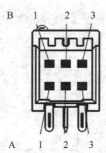

A1—CAN H(+)/RS485(A)；B1—CAN L(—)/RS485(B)；
A2—+5V；B2—GND；A3—120Ω 终端电阻；B3—GND

图 5-14　RS485 通信接口的针脚分布

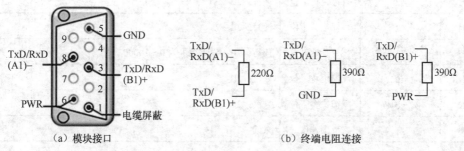

（a）模块接口　　　　　　　　　　　　　（b）终端电阻连接

图 5-15　CM1241 模块接口

2．伺服驱动器参数的设置

TAD8811 系列伺服驱动器进行 RS485 通信前需要配置相关参数。表 5-6 显示了其与通信相关的主要参数说明。

表 5-6　TAD8811 系列伺服驱动器与通信相关的主要参数说明

参数	参数名称	数据长度（B）	参数说明
5	通信 ID	1	设置范围为 1~63，工厂默认值为 63。 [提示]将此参数设为 1
6	通信速率	2	①0~3 位：SV-NET 波特率；②4~7 位：RS232 波特率；③8~11 位：RS485（Modbus RTU）波特率；④12~15 位：RS485（Modbus ASCII）波特率。 [提示]对于 RS485 通信，波特率为 19200、无校验、1 位停止位时可将此参数设置为 0x0200
141	专用开关	2	位 2/位 1 的不同取值决定 CN5/CN6 接口的通信协议不同。 00：SV-NET 通信；01：RS485（多摩川格式）；10：RS485（Modbus RTU 格式）。 [提示]对于 Modbus RTU 通信，此参数设为 0x0004。
17	参数保存	1	要使前面的参数设定后能够被保存，需将此参数设定为 1 后再重启

TAD8811 系列伺服驱动器的保持注册区可用伺服驱动器参数进行设置。在 Modbus 通信时，主站可以通过访问（读/写）保持注册区对伺服驱动器进行控制或检测其状态信息。Modbus 访问地址与驱动器参数号的对应关系如表 5-7 所示。

表 5-7　Modbus 访问地址与驱动器参数号的对应关系（部分）

访问地址	驱动器参数号	含义	说明
40021	20	显示伺服状态	只读；位 0～24 表示不同的驱动状态，共 4B
40022	21	显示 I/O 状态	只读；位 0～7 表示驱动输入 1～8 状态，位 8～12 表示驱动输出 1～5 状态；共 2B
40023	22	报警代码	只读；1B
41001	30	伺服指令	读写；2B；设置范围为 0x0000～0xFFBF
41002	31	控制模式	读写；1B；设置范围为 0～6 或 14
41003	32	目标位置上位	读写；2B
41004	32	目标位置下位	读写；2B
41005	33	目标速度	读写；2B；设置范围为 0～10000
42001	40	反馈位置上位	只读；2B
42002	40	反馈位置下位	只读；2B
42003	41	反馈速度	只读；2B

5.2.3　PLC 与伺服驱动器的 Modbus 通信编程

作为工业机器人外围设备的变位机，其运动控制可由伺服驱动器驱动伺服电机，然后由伺服电机经减速传动装置带动变位机运动。伺服驱动器与西门子 PLC 采用 RS485 连接，通信协议为 Modbus RTU，伺服驱动器根据 PLC 发送的指令信息驱动电机转动，PLC 读取编码器的反馈信息，并经换算后得到变位机的工作位置等。

西门子 PLC Modbus 通信编程流程是，PLC 与伺服驱动器建立 Modbus RTU 通信连接，PLC 读取伺服驱动器的伺服状态、I/O 状态和警报编码，PLC 将变位机控制数据写入伺服驱动器的相应地址，控制变位机的运动及 PLC 读取伺服驱动器反馈信息等。编程步骤如表 5-8 所示。

表 5-8　西门子 PLC Modbus 通信编程步骤

步骤	操作方法	操作提示
1		创建公共数据块 DB49

续表

步骤	操作方法	操作提示
2	DB_变位机命令 [DB49] 常规 文本 常规 信息 时间戳 编译 保护 属性 下载但不重新初… 属性 ☐ 仅存储在装载内存中 ☐ 在设备中写保护数据块 ☐ 优化的块访问 ☑ 可从 OPC UA 访问 DB	取消勾选"优化的块访问"属性，程序中可用绝对地址编程
3	变位机命令（创建的快照：2021/4/11 8:16:49） 名称 / 数据类型 / 偏移量 / 起始值 ▼ Static 伺服命令 Word 0.0 16#0 控制模式 Word 2.0 16#1 目标位置 DInt 4.0 0 目标速度 Int 8.0 0 实时指令位置 DInt 10.0 0	创建数据块成员变量，包括伺服命令、控制模式、目标位置、目标速度和实时指令位置
4	变位机状态（创建的快照：2021/4/11 8:16:49） 名称 / 数据类型 / 偏移量 / 起始值 ▼ Static 伺服状态显示 Word 0.0 16#0 I/O状态 Word 2.0 16#0 警报编码 Word 4.0 16#0 反馈位置 DInt 6.0 0 反馈速度 Int 10.0 0	同样创建公共数据块 DB50，包括伺服状态显示、I/O 状态、警报编码、反馈位置与反馈速度等成员变量
5	▼ 通信 名称 / 描述 / 版本 ▶ S7 通信 V1.3 ▶ 开放式用户通信 V4.1 ▶ WEB 服务器 V1.1 ▶ 其他 ▼ 通信处理器 ▶ PtP Communication V2.4 ▶ USS 通信 V3.1 ▼ MODBUS（RTU） V3.1 Modbus_Comm_Load 组态 Modbus 的端口 V3.0 Modbus_Master 作为 Modbus 主站通信 V2.2 Modbus_Slave 作为 Modbus 从站通信 V3.0	在指令菜单中依次选择"通信"→"通信处理器"→"MODBUS（RTU）"→"Modbus_Comm_Load"，添加通信指令
6	%DB101 "Modbus_Comm_Load_DB_1" Modbus_Comm_Load EN ENO 1 — REQ DONE 269 "Local~AUX1" — PORT ERROR 19200 — BAUD STATUS 0 — PARITY 0 — FLOW_CTRL 50 — RTS_ON_DLY 50 — RTS_OFF_DLY 1000 — RESP_TO <???> — MB_DB	将 Modbus_Comm_Load 指令拖动到程序段中，并设置相关参数，按表 5-3 中 CM1241 模块的端口号将 Port 设为 269，通信波特率、校验位等应与伺服驱动器侧设置一致，MB_DB 端暂时为空

续表

步骤	操作方法	操作提示
7	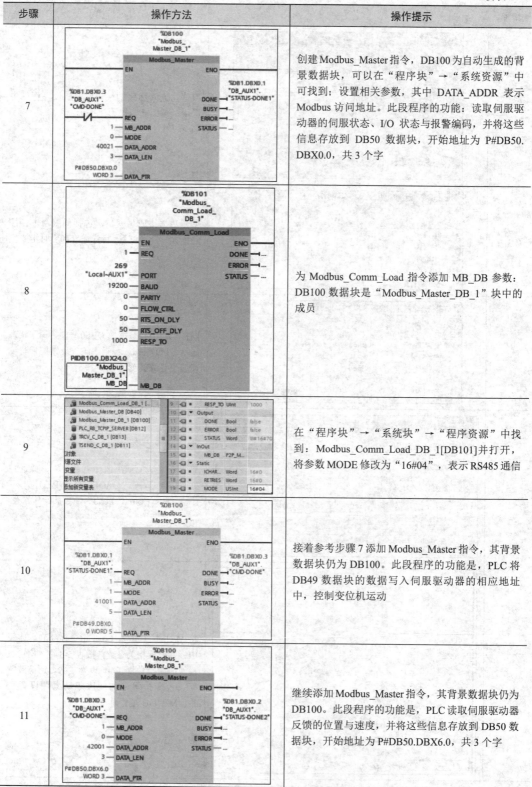	创建 Modbus_Master 指令，DB100 为自动生成的背景数据块，可以在"程序块"→"系统资源"中可找到；设置相关参数，其中 DATA_ADDR 表示 Modbus 访问地址。此段程序的功能：读取伺服驱动器的伺服状态、I/O 状态与报警编码，并将这些信息存放到 DB50 数据块，开始地址为 P#DB50. DBX0.0，共 3 个字
8		为 Modbus_Comm_Load 指令添加 MB_DB 参数：DB100 数据块是"Modbus_Master_DB_1"块中的成员
9		在"程序块"→"系统块"→"程序资源"中找到：Modbus_Comm_Load_DB_1[DB101]并打开，将参数 MODE 修改为"16#04"，表示 RS485 通信
10		接着参考步骤 7 添加 Modbus_Master 指令，其背景数据块仍为 DB100。此段程序的功能是，PLC 将 DB49 数据块的数据写入伺服驱动器的相应地址中，控制变位机运动
11		继续添加 Modbus_Master 指令，其背景数据块仍为 DB100。此段程序的功能是，PLC 读取伺服驱动器反馈的位置与速度，并将这些信息存放到 DB50 数据块，开始地址为 P#DB50.DBX6.0，共 3 个字

由于伺服电机与变位机之间不是直连关系，减速比为 50（#减速比分子/#减速比分母），因此伺服电机转一圈（360°，#驱动轴单圈角度），变位机才转 1/50 圈（7.2°），因此若要控制变位机转 20°（#目标位置），伺服电机则要转 20/7.2（圈）。如果伺服电机单圈脉冲数（#单圈脉冲量）为 131072 个，则 PLC 需发送 131 072×(20/7.2)=364 088 个脉冲（#指令目标位置），变位机才能到达目标位置。上述过程西门子 PLC 可以应用 SCL（结构化控制语言）编程实现，例程如下。

```
#轴输出 := #驱动轴单圈角度;
#目标位置缩放 1 := #目标位置 / #轴输出 * 100 * (#减速比分子 / #减速比分母);
#目标位置缩放 2 := REAL_TO_DINT(#目标位置缩放 1);
#指令目标位置 := #单圈脉冲量 * #目标位置缩放 2 / 100;
```

在程序中，"#目标位置缩放 1""#目标位置缩放 2"变量的应用是为了解决整型变量相除引起计算精度下降问题而采取的方法。

5.2.4　变位机的 ABB 工业机器人编程控制

ABB 工业机器人与 PLC 采用 Socket 后台通信方式，PLC 为通信服务器，工业机器人为客户端。PLC 接收工业机器人发送的指令，控制伺服驱动系统运行，并读取伺服系统的运行状态，将反馈信息传送给工业机器人控制器。

工业机器人端通过自定义的数据类型 turn 及其变量来实现对变位机的控制，控制变量为 turncon，工业机器人将变位机控制命令发送给 PLC，并定义状态变量 turnstate 读取变位机的反馈信息。turncon 和 turnstate 变量均包含 command、position 和 speed 成员，其含义分别如表 5-9 和表 5-10 所示。

表 5-9　turncon 变量成员

变量成员	含义	取值说明
command	命令	值为 3 表示控制伺服上使能，值为 0 表示控制伺服下使能
position	位置	位置上下限为±45°
speed	速度	0～150

表 5-10　turnstate 变量成员

变量成员	含义	反馈值说明
command	响应	表示伺服的不同状态，范围为 1～16900
position	位置	位置上下限反馈，范围为−45°～+45°
speed	速度	运行速度反馈，范围为 0～150

以控制"变位机转动−20°，转速为 100"为例介绍工业机器人端变位机控制例程，如图 5-16 所示。

```
PROC BWJF20()
    WaitTime 1;
    turncon.postion:=-20;
    turncon.speed:=100;
    turncon.command:=3;
    WaitTime 1;
    WaitUntil turnstate.postion=-20;
    turncon.command:=0;
    WaitTime 1;
ENDPROC
```

图 5-16 变位机控制例程

5.3 ABB 工业机器人与 RFID 集成

【学习目标】
- 了解 SIMATIC RF300 RFID 系统的组成。
- 熟悉 SIMATIC 常用的 RFID 指令。
- 掌握 SIMATIC PLC 与 RFID 模块的通信组态与编程方法。
- 掌握 ABB 工业机器人与 RFID 的通信编程方法。
- 注重运用系统思维方法来解决问题，培养和提升系统思维能力。

知识学习&能力训练

5.3.1 SIMATIC RF300 RFID 系统

1. SIMATIC 识别系统的组成

射频识别（RFID）技术，是自动识别技术的一种，通过无线射频方式进行非接触双向数据通信，利用无线射频方式对记录媒体（或射频卡）进行读写，从而达到识别目标和数据交换的目的。

图 5-17 显示了一种 SIMATIC RF300 RFID 系统，主要由 S7 1200 PLC、RF120C 通信模块、RF340R 读写器和 RF320T 电子标签等组成。工作时，在 PLC 的控制下 RFID 读写器发出电子信号，电子标签接收信号后反射内部存储的标识信息，读写器再接收并识别标签发回的信息，最后读写器将识别结果发送给 PLC。其中 1 个 PLC 模块左侧最多插装 3 块 RF120C 通信模块，1 个 RF120C 模块一般只能连接 1 个读写器。

2. SIMATIC Ident（识别）指令

常用的 SIMATIC Ident 指令包括 Reset_RF300、Read、Write。

（1）Reset_RF300 指令

Reset_RF300 指令主要用于 RFID 电子标签（应答器）的复位，如图 5-18 所示。Reset_RF300 指令常用引脚说明如表 5-11 所示。

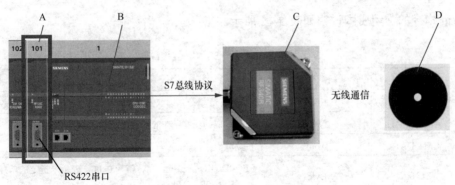

RS422串口

A—RF120C 通信模块；B—S7 1200 PLC；C—RF340R 读写器；D—RF320T 电子标签

图 5-17　SIMATIC RF300 RFID 系统

图 5-18　Reset_RF300 指令

表 5-11　Reset_RF300 指令常用引脚说明

序号	引脚	数据类型	功能说明
1	EXECUTE	Bool	启动 Reset_RF300，对 RFID 标签进行复位，上升沿触发
2	TAG_CONTROL	Byte	存在性检查：0—关闭；1—打开；4—存在（天线已关闭，只有在发送 Read 或 Write 命令时天线才会打开）
3	TAG_TYPE	Byte	发送 RFID 标签类型，1 表示 ISO 发送应答器，0 表示 RF300 发送应答器
4	RF_POWER	Byte	输出功率，仅适用于 RF380R；RF 的功率为 0.5～2W，增量为 0.25 W（值范围：0x02～0x08）。默认值 0x00 表示 1.25W
5	HW_CONNECT	IID_HW_CONNECT	RFID 连接变量
6	DONE	Bool	复位完成
7	BUSY	Bool	复位进行中
8	ERROR	Bool	状态参数，0 表示无错误，1 表示出现错误

（2）Read 指令

Read 指令主要用于 PLC 读取 RFID 标签中的数据。使用 Read 指令可以从电子标签读取用户数据，并将这些数据输入"IDENT_DATA"缓冲区。数据的物理地址和长度通过"ADDR_TAG"和"LEN_DATA"参数传送，如图 5-19 所示。对于 RF68xR 阅读器，块从存储器组 3（USER 区域）读取数据。通过"EPCID_UID"和"LEN_ID"实现对特定发送应答器的特定访

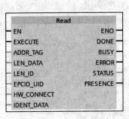

图 5-19　Read 指令

问。Read 指令的常用引脚说明如表 5-12 所示。

表 5-12　Read 指令的常用引脚说明

序号	引脚	数据类型	功能说明
1	EXECUTE	Bool	启动 Read 指令，读取 RFID 标签中的数据，上升沿触发
2	ADDR_TAG	DWord	启动读取的标签所在的物理地址
3	LEN_DATA	Word	待读取数据的长度
4	LEN_ID	Byte	EPC-ID/UID 的长度，默认值为 0x00，表示未指定的单标签访问（RF680R、RF685R）
5	EPCID_UID	Array[1,···,62] of Byte	在缓冲区起始位置输入 2～62 B 的 EPC-ID（长度由"LEN_ID"设置）；在缓冲区起始位置输入 8 B 的 UID（"LEN_ID=8"）；必须在数组元素[5]-[8]中输入 4 B 的处理 ID（"LEN_ID=8"）。默认值 0x00 表示未指定的单标签访问（RF620R、RF630R）
6	HW_CONNECT	IID_HW_CONNECT	RFID 连接变量
7	IDENT_DATA	Any/Variant	存储读取数据的数据缓冲区。 注：对于"Variant"类型，当前仅可创建具有可变长度的"Array_of_Byte"；对于"Any"类型，还可创建其他数据类型/UDT（用户自定义数据模型）
8	DONE	Bool	读取数据完成
9	BUSY	Bool	读取数据进行中
10	ERROR	Bool	状态参数，0 表示无错误，1 表示出现错误
11	PRESENCE	Bool	RFID 标签检测：0 表示读写区无芯片，1 表示读写区有芯片

（3）Write 指令

Write 指令主要用于 PLC 向 RFID 电子标签写入数据。Write 指令将"IDENT_DATA"缓冲区中的用户数据写入电子标签，数据的物理地址和长度通过"ADDR_TAG"和"LEN_DATA"参数传送，如图 5-20 所示。对于 RF68xR 阅读器，块会将此数据写入存储器组 3（USER 区域）。对特定发送应答器的特定访问通过"EPCID_UID"和"LEN_ID"实现。Write 指令的常用引脚说明如表 5-13 所示。

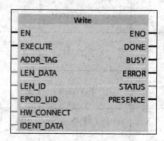

图 5-20　Write 指令

表 5-13　Write 指令的常用引脚说明

序号	引脚	数据类型	功能说明
1	EXECUTE	Bool	启动 Write 指令，向 RFID 标签中写入数据，上升沿触发
2	ADDR_TAG	DWord	启动写入的电子标签所在的物理地址
3	LEN_DATA	Word	待写入数据的长度
4	LEN_ID	Byte	EPC-ID/UID 的长度，默认值为 0x00，表示未指定的单标签访问（RF680R、RF685R）

续表

序号	引脚	数据类型	功能说明
5	EPCID_UID	Array[1,···,62] of Byte	在缓冲区起始位置输入 2～62 B 的 EPC-ID（长度由"LEN_ID"设置）；在缓冲区起始位置输入 8 B 的 UID（"LEN_ID=8"）；必须在数组元素[5]-[8]中输入 4 B 的处理 ID（"LEN_ID=8"）。默认值 0x00 表示未指定的单标签访问（RF620R、RF630R）
6	HW_CONNECT	IID_HW_CONNECT	RFID 连接变量
7	IDENT_DATA	Any/Variant	包含待写入数据的数据缓冲区。对于 MV，首个字节是相应 MV 命令的编码。 注：对于"Variant"类型，当前仅可创建具有可变长度的"Array_of_Byte"；对于"Any"类型，还可创建其他数据类型/UDT
8	DONE	Bool	写入完成
9	BUSY	Bool	写入进行中
10	ERROR	Bool	状态参数，0 表示无错误，1 表示出现错误
11	PRESENCE	Bool	RFID 标签检测：0 表示读写区无芯片，1 表示读写区有芯片

5.3.2　PLC 与 RFID 模块的通信组态和编程

1．RFID 模块组态

使用 RF120C 通信模块，RF340R 读写器可以方便地被集成到 S7 1200 PLC 控制系统中。表 5-14 显示了 RFID 模块组态的操作步骤。

表 5-14　RFID 模块组态的操作步骤

步骤	操作方法	操作提示
1		在博途软件的目录中依次选择"通信模块"→"标识系统"→"RF120C"→"6GT2002-0LA00"
2		双击"6GT2002-0LA00"后，通信模块 RF120C 将被添加到 PLC 模块的左侧槽位中

续表

步骤	操作方法	操作提示
3	阅读器 诊断消息：硬错误 用户模式：识别配置文件 Ident 设备/系统：通过 FB/光学阅读器获取的参数	在硬件视图下双击 RF120C 通信模块，进入模块的"阅读器"界面，将"Ident 设备/系统"的选项修改为"通过 FB/光学阅读器获取的参数"
4	I/O 地址 **输入地址** 起始地址：10 .0 结束地址：11 .7 组织块：---（自动更新） 过程映像：自动更新 **输出地址** 起始地址：10 .0 结束地址：11 .7 组织块：---（自动更新） 过程映像：自动更新	将"I/O 地址"选项下的输入/输出起始地址设为"10"，它将在 PLC 程序中被用到
5	设备概览	设定完成后打开"设备概览"检查硬件配置情况
6	PLC 变量	通过"PLC 变量"→"显示所有变量"可以查阅到 RF120C 模块值，它将在 PLC 程序中被用到

步骤5设备概览表内容：

模块	插槽	I 地址	Q 地址	类型	订货号
	103				
AUX1	102			CM 1241 (RS422/485)	6ES7
▼ RF120C_1	101			RF120C	6GT2
RF120C-RS422	101 1	10...11	10...11	RF120C-RS422	
▼ XC2BC-PLC	1			CPU 1215C DC/DC/DC	6ES7
DI 14/DQ 10_1	1 1	0...1	0...1	DI 14/DQ 10	
AI 2/AQ 2_1	1 2	64...67	64...67	AI 2/AQ 2	
	1 3				
HSC_1	1 16	1000...		HSC	
HSC_2	1 17	1004...		HSC	
HSC_3	1 18	1008...		HSC	
HSC_4	1 19	1012...		HSC	
HSC_5	1 20	1016...		HSC	
HSC_6	1 21	1020...		HSC	
Pulse_1	1 32			脉冲发生器 (PTO/P...	
Pulse_2	1 33		1002...	脉冲发生器 (PTO/P...	
Pulse_3	1 34		1004...	脉冲发生器 (PTO/P...	
Pulse_4	1 35		1006...	脉冲发生器 (PTO/P...	
▶ PROFINET接口...	1 X1			PROFINET 接口	

步骤6 PLC 变量表内容：

	名称	数据类型	值
23	Local-HSC_6	Hw_Hsc	262
24	Local-AI_2_AQ_2_1	Hw_SubModule	263
25	Local-DI_14_DQ_10_1	Hw_SubModule	264
26	上升沿8	Event_Hwint	16#C0080108
27	下降沿8	Event_Hwint	16#C0080108
28	Local-Pulse_1	Hw_Pto	265
29	Local-Pulse_2	Hw_Pwm	266
30	Local-Pulse_3	Hw_Pwm	267
31	Local-Pulse_4	Hw_Pwm	268
31	Local-AUX1	Port	269
32	Local-RF120C_1	Hw_SubModule	285
33	OB_Main	OB_PCYCLE	1

2. S7 1200 PLC 与 RFID 读写器的通信编程

在 PLC 端编写 RFID 通信程序，实现对 RFID 电子标签的复位及数据读写。S7 1200 PLC 与 RFID 读写器的通信编程过程如表 5-15 所示。

ABB 工业机器人发送给 PLC 的 RFID 信息有 RFID 指令、工序号与待写入电子标签的信息。PLC 根据接收到的不同指令执行不同的操作。以"写信息"为例，PLC 对接收到的工业机器人指令进行解析，本质上是交换高、低字，例程如下。

```
// "RFID指令"是工业机器人发送给PLC的RFID指令，值为"10"时代表"写"数据
"DB_RB_CMD".RB_CMD.RFID指令 := SWAP_WORD("DB_RB_CMD".PLC_RCV_Data.RFID指令);
// "RFID_STEPNO"表示工业机器人发送PLC的工序号
```

```
"DB_RB_CMD".RB_CMD.RFID_STEPNO := SWAP_WORD("DB_RB_CMD".PLC_RCV_Data.
RFID_STEPNO);
//RFID待写入内容，共28个字节
FOR #K := 0 TO 27 DO
    "DB_RB_CMD".RB_CMD.RFID待写入信息[#K] :=
    "DB_RB_CMD".PLC_RCV_Data.RFID待写入信息[#K];
END_FOR;
```

表 5-15　S7 1200 PLC 与 RFID 读写器的通信编程过程

步骤	操作方法	操作提示
1		在 FB 功能块中定义 RFID 连接变量 "RFID_HW_CONNECT"，类型为 "IID_HW_CONNECT"，其中 "HW_ID" 为硬件标识符，"CM_CHANNEL" 为通道号，"LADDR" 为输入/输出起始地址，与硬件组态值要一致
2		创建数据块 "RFID_DATA_DB"，并在数据块中创建 RFID 读写数据变量 "Write" "Read"，类型为 Array[0..111] of Byte
3		调用 Reset_RF300 指令，编写 RFID 标签复位程序，其中#RFID_HW_CONNECT 为连接变量，类型为 "HW_CONNECT"
4		调用 Write 指令，编写 RFID 数据写入程序，实现 PLC 对 RFID 电子标签的数据写入，待写入的数据的存放位置为"RFID_DATA_DB".Write
5		调用 Read 指令，编写 RFID 数据读取程序，实现 PLC 读取 RFID 电子标签中的数据，待读取的数据的存放位置为"RFID_DATA_DB".Read

PLC 要判断当前工序号，决定写入的信息。电子标签用户存储容量为 112 B，每道工序占用 28 个字节，按顺序排放；每次仅写入一道工序信息，如表 5-16 所示，例程如下。

```
#工序号 := "DB_RB_CMD".RB_CMD.RFID_STEPNO ;
IF #工序号>0 AND  #工序号<5 THEN
    #写入工序号 := #工序号;
    #写入起始位 := (#写入工序号 - 1) * 28;
FOR #i := 0 TO 27 DO
    #Write[#写入起始位 + #i] := "DB_RB_CMD".RB_CMD.RFID待写入信息[#i];
END_FOR;
```

以上程序将更新待写入的数据（"RFID_DATA_DB".Write），最后调用 RFID 的 Write 指令实现工序数据的写入操作。

表 5-16   工序信息

工序信息 Array[0,···,27] of Char			
工序信息组成	长度（B）	数组元素地址	格式说明
用户自定义信息	9	Array [0]-[8]	有效信息小于 9 小时，用 "*" 补充
日期	10	Array [9]-[18]	"yyyy-mm-dd"
时间	8	Array [19]-[26]	"hh-mm-ss"
分隔符	1	Array [27]	"|"

5.3.3   ABB 工业机器人与 RFID 的通信编程

1.   RFID 通信数据的定义

工业机器人通过与 PLC 进行 Socket 通信，可以将"日期""时间""工序号""操作者标识"等信息发送给 PLC，PLC 接收工业机器人发送的数据并进行处理后，再将结果反馈给工业机器人。ABB 工业机器人是采用自定义数据类型 rfid 实现 RFID 通信的。

对工业机器人进行编程时，分别定义 rfid 型数据变量 rfidcon 与 rfidstate，其中 rfidcon 表示 RFID 指令数据接口（如图 5-21 所示），rfidstate 则表示 RFID 反馈状态的数据接口（如图 5-22 所示）。RFID 指令数据接口包含 command、stepno、name、date、time 等成员，其接口的定义如表 5-17 所示。

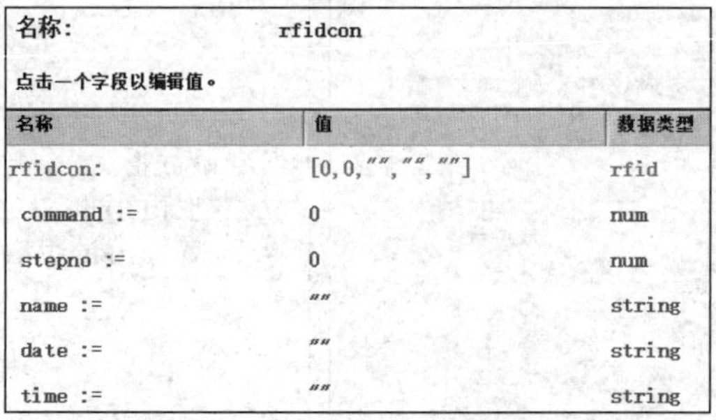

图 5-21   RFID 指令数据接口

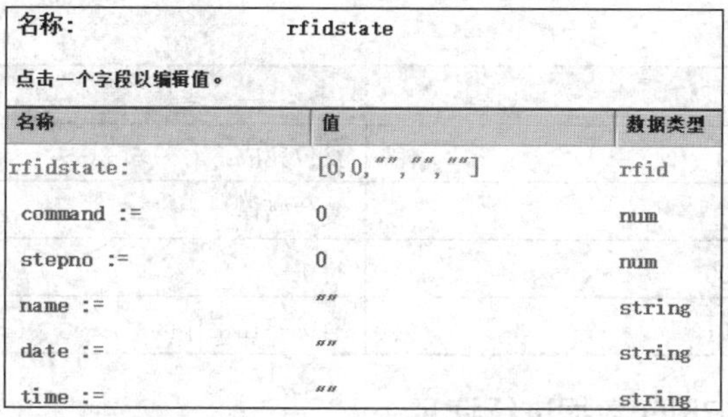

名称：	rfidstate	
点击一个字段以编辑值。		
名称	值	数据类型
rfidstate:	[0,0,"","",""]	rfid
command :=	0	num
stepno :=	0	num
name :=	""	string
date :=	""	string
time :=	""	string

图 5-22　RFID 反馈状态的数据接口

表 5-17　RFID 指令数据接口的定义

序号	接口	功能说明
1	command	控制字或状态字
2	stepno	工序号
3	name	操作者标识
4	date	日期（系统自动生成）
5	time	时间（系统自动生成）

其中成员 command 控制字可用于定义复位、写、读操作及清零标签数据、清除指令，其控制字的定义如表 5-18 所示。command 状态字定义写入中、写入完成和写入错误等功能，其状态字的定义如表 5-19 所示。

表 5-18　command 控制字的定义

指令取值	功能说明
0	指令清除
10	写数据
20	读数据
30	复位
40	标签数据清零

表 5-19　command 状态字的定义

指令取值	功能说明
10	写入中
11	写入完成
12	写入错误
20	读取中
21	读取完成
22	读取错误
30	复位中

指令取值	功能说明
31	复位完成
32	复位错误
100	待机
101	有标签在工作区

2. 工业机器人对 RFID 数据进行读写

RFID 读写流程是工业机器人与 PLC 建立通信连接后，工业机器人将 RFID 指令发送给 PLC，由 PLC 控制 RFID 系统执行相应的操作。下面分别介绍工业机器人端复位电子标签、向电子标签写数据与读电子标签数据的程序。

（1）工业机器人端复位电子标签的程序（如图 5-23 所示）

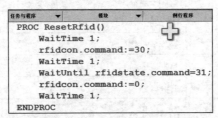

图 5-23　复位电子标签

（2）工业机器人端向电子标签写数据的程序（如图 5-24 所示）

（3）工业机器人端读电子标签数据的程序（如图 5-25 所示）

 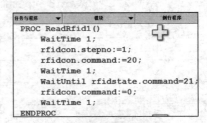

图 5-24　向电子标签写数据　　　　图 5-25　读电子标签数据

5.4　ABB 工业机器人与视觉系统集成

【学习目标】
- 了解工业视觉系统的结构组成与特点。
- 掌握康耐视智能相机的调试与通信测试方法。
- 掌握 ABB 工业机器人与康耐视智能相机的 Socket 通信方法。
- 熟悉 PLC 与康耐视智能相机的 PROFINET 通信方法。
- 发散创新思维，培养创新能力。

知识学习&能力训练

5.4.1　工业视觉系统概述

工业视觉系统是用于自动检验、加工工件和自动化装配，以及控制和监视生产过程的图像识别系统。工业视觉系统通过图像采集硬件将被摄取目标转换成图像信号，并传送给专用的图像处理系统。图像处理系统根据像素、亮度、颜色分布等信息对目标进行特征抽取，并进行相应判断，进而根据结果来控制现场设备。

根据组成结构的不同，典型的工业视觉系统可以分为两类。一类是 PC 式或板卡式工业视觉系统，另一类是嵌入式工业视觉系统，又称"智能相机"或"视觉传感器"。PC 式工业视觉系统是一种基于个人计算机（PC）的视觉系统，一般由光源、光学镜头、CCD（电荷耦合器件）或 CMOS（互补金属氧化物半导体）相机、图像采集卡、图像处理软件及 PC 机组成。PC 式工业视觉系统尺寸较大、结构复杂，开发周期较长，但可以达到理想的精度和速度，能实现较为复杂的系统功能。相对而言，嵌入式工业视觉系统具有易学、易用、易维护等特点，可在短期内构建可靠而有效的工业视觉系统，从而极大地提高应用系统的开发速度。康耐视智能相机是一种嵌入式工业视觉系统，其示意如图 5-26 所示。

图 5-26　康耐视智能相机示意

5.4.2　工业智能相机调试与通信测试

选用康耐视 In-Sight 2000 系列智能相机作为工业机器人视觉检测模块。相机自带网络接口，可与 PC、PLC 或工业机器人等通信，完成相机的安装、连接后，要完成相机参数的调试。

1．相机参数的调试

康耐视相机参数的调试要借助 In-Sight Explorer 软件。In-Sight Explorer 软件的界面看上去比较简洁，但是功能非常丰富。其中电子表格视图让用户感觉对光学检测应用进行最大化控制并不困难，另外 In-Sight Explorer 软件还包括 EasyBuilder 配置环境，用户可以在不进行编程的情况下快速部署应用。

调试相机参数是为了得到高清的图形，获取更加准确的图形数据。调试的相机参数主要包括图像亮度、曝光、光源强度、焦距等。这些参数的调试需要在 In-Sight Explorer 软件中进行，具体调试步骤如表 5-20 所示。

表 5-20   在 In-Sight Explorer 软件中调试相机参数的步骤

步骤	操作方法	操作提示
1		将计算机 IP 地址设为 192.168.101.88，将子网掩码设为 255.255.255.0，单击"确定"按钮，完成 IP 设置
2		打开 In-Sight Explorer 软件，打开"系统"菜单，单击"将传感器/设备添加到网络"命令，在弹出的窗口中输入相机的 IP 地址 192.168.101.50
3		在"开始"菜单中打开"命令提示符"窗口，输入"ping 192.168.101.50"，测试计算机与相机之间的通信。若能收发数据包，说明网络正常通信
4		打开 In-Sight Explorer 软件
5		双击"In-Sight 网络"下"In-Sight 传感器"中的"insight"，自动加载相机中已保存的工程
6		将相机模式设为实况视频模式，即相机进行连续拍照
7		相机实况视频模式当前焦点为 4.12

步骤	操作方法	操作提示
8		使用一字螺丝刀，逆时针或顺时针旋转相机焦距调节器
9		相机拍照可获得清晰的图像时，前焦点为 4.15
10		单击"应用程序步骤"下的"设置图像"选项
11		选择"灯光"→"手动曝光"，然后调试"目标图像亮度""曝光（毫秒）""光源强度"参数
12		重复步骤 11，直到图像颜色和形状的清晰度满足要求为止

2. 法兰工件的图像训练

相机参数调试完成后，为了获取工件形状与位置数据，需要完成法兰工件的图像训练，其操作步骤如表 5-21 所示。

表 5-21 法兰工件的图像训练的操作步骤

步骤	操作方法	操作提示
1		在"应用程序步骤"的"定位部件"下，在"位置工具"栏中双击"图案"工具后，使矩形框覆盖两个矩形凹槽的两端，单击"确定"按钮

续表

步骤	操作方法	操作提示
2		在编辑工具下，把旋转公差改为−90～90，把名称改为 falan，单击"模型区域"训练图像
3		在"应用程序步骤"的"通信"下，选择 PROFINET，在"格式化输出数据"下，添加：falan.Fixture.X、falan.Fixture.Y 与 falan.Fixture.Angle，得到输出法兰的位置与角度信息
4		在"应用程序步骤"的"保存作业"下，单击"保存"按钮将上面的数据保存到 insight 传感器下，名称为 zah.job；或单击"另存为…"按钮保存为其他名称文件，如 falan.job

3. 测试视觉数据

为了验证相机作业程序，需要测试视觉数据。视觉数据的测试可以借助于串口调试助手软件 sscom，其操作流程如表 5-22 所示。

表 5-22　测试视觉数据的操作流程

步骤	操作方法	操作提示
1		在 In-Sight Explorer 软件中，单击"联机"按钮，切换到联机模式
2		打开 sscom，选择"TCPClient"模式。相机为服务器端，工业机器人或其他设备为客户端。输入相机的 IP 地址为 192.168.101.50，端口号为 3010，建立通信连接

步骤	操作方法	操作提示
3	Welcome to In-Sight(tm) 2000-139C Session 0 User: Password:	将指令"admin"发送到相机。sscom 收到相机返回的数据"Password"
4	Welcome to In-Sight(tm) 2000-139C Session 0 User: Password: User Logged In	发送指令" "到相机，sscom 收到相机返回的数据"User Logged In"
5	Welcome to In-Sight(tm) 2000-139C Session 0 User: Password: User Logged In 1	发送指令"se8"到相机，控制相机执行一次拍照，sscom 收到相机返回的数据"1"，代表指令发送成功
6	Welcome to In-Sight(tm) 2000-139C Session 0 User: Password: User Logged In 1 1 156.105	发送 GVfalan.Fixture.X 到相机，sscom 收到相机返回的数据"1 156.105"。"1"代表指令发送成功，"156.105"代表工件在 X 方向的位置

5.4.3　ABB 工业机器人与康耐视智能相机的 Socket 通信

ABB 工业机器人与相机的通信程序基于 Socket（套接字）开发，其中工业机器人为客户端、相机为通信服务器端。为了实现 Socket 通信，相机（服务器端）需要完成参数调试及法兰工件的形状学习，工业机器人（客户端）需要先应用 RAPID 语言完成通信程序的编写，并将相机反馈的数据进行转换以得到工件坐标的变化量，再以此修正工业机器人的示教位置。

1. 工业机器人与相机通信的流程

工业机器人与相机采用 Socket 通信，基本流程如下。

① 工业机器人与相机建立 Socket 连接。

② 工业机器人将用户名（"admin\0d\0a"）发送给相机，相机返回确认信息。

③ 工业机器人将密码（"\0d\0a"）发送给相机，相机返回确认信息。

例程如下。

```
PROC RobConnectToCamera
    SocketClose ComSocket;      //关闭套接字设备 ComSocket
    SocketCreate ComSocket;     //创建套接字设备 ComSocket
    SocketConnect ComSocket,"192.168.101.50",3010//连接相机
    SocketReceive ComSocket\Str:=strRec;             //接收相机数据并将其保存到变量
strRec 中
    TPWrite strRec;      //将 strRec 数据显示在示教器界面上
    SocketSend ComSocket\Str:="admin\0d\0a";//将用户名 admin 与回车换行符发送给相机
    SocketReceive ComSocket\Str:=strRec;     //接收相机数据并将其保存到变量 strRec 中
    TPWrite strRec;      //将 strRec 数据显示在示教器界面上
    SocketSend ComSocket\Str:="\0d\0a";     //将密码数据发送到相机，密码数据为
\0d\0a
    SocketReceive ComSocket\Str:=strRec;     //接收相机数据并将其存到变量 strRec 中
```

```
        TPWrite strRec;        //将 strRec 数据显示在示教器界面上
    ENDPROC
```

2．相机拍照控制程序的编写

工业机器人与相机建立通信后，即可编写相机拍照控制程序，例程如下。

```
PROC SendmdToCamera（）
    SocketSend ComSocket\Str:="se8\0d\0a";    //将拍照控制指令 "se8\0d\0a" 发送给
相机
    SocketReceive ComSocket\Str:=strRec;        //接收数据，为 1 表示拍照成功；否则相机
出现故障
    IF strRec <>"1\0d\0a"THEN        //使用 IF 指令判断相机是否拍照成功
        TPErase;        //清除示教器界面；
        TPWrite "Camera Error";    //示教器上显示 "Camera Error"
        STOP;    //停止
    ENDIF        //判断结束
ENDPROC
```

3．获取相机图像数据的程序

工业机器人要获取相机图像数据，必须向相机发送特定的指令，然后将接收到的数据转换成想要的数据。获取相机图像数据的例程如下。

```
PROC GetCameraData（）
    SocketSend ComSocket\Str:="GVfalan.Fixture.X\0d\0a";
//将获取工件 X 位置指令发送给相机
    SocketReceive ComSocket\Str:=strRec;    //接收相机数据并将其保存到变量 strRec 中
    x_Position:= StringToNumData(strRec);    //转换数据并将其赋值给 x_Position
    SocketSend ComSocket\Str:="GVfalan.Fixture.Y\0d\0a";
//将获取工件 Y 位置指令发送给相机
    SocketReceive ComSocket\Str:=strRec;        //接收相机数据并将其保存到变量 strRec 中
    y_Position:= StringToNumData(strRec);    //转换数据并将其赋值给 y_Position
    SocketSend ComSocket\Str:="GVfalan.Fixture.Angle\0d\0a";
//将获取工件旋转角度指令发送给相机
    SocketReceive ComSocket\Str:=strRec;    //接收相机数据并将其保存到变量 strRec 中
    Rotation:= StringToNumData(strRec);        //转换接收到数据并将其赋值给 Rotation
    ENDIF
ENDPROC
```

该程序调用了带返回值的例行程序 StringToNumData()，其定义如下。

```
PROC num StringToNumData（string strData）        //返回值数据类型为 num
    strData2 := StrPart(strData, 4, StrLen(strData)-5);    //分割字符串，去除前 3 个
字符与最后 2 个字符，得到新的字符串 strData2
```

```
    ok:=StrToVal(strData2,numData);    //将字符串 strData2 转化为数值 numData
    RETURN numData;    //使用 RETURN 指令返回数据 numData
ENDPROC
```

5.4.4 PLC 与康耐视智能相机的 PROFINET 通信

1. 相机侧的通信配置

应用 In-Sight Explorer 软件完成相机侧的通信配置，具体操作步骤如表 5-23 所示。

表 5-23 相机侧通信配置的操作步骤

步骤	操作方法	操作提示
1		打开 In-Sight Explorer 软件，在菜单栏单击"传感器"→"网络设置"，打开"insight-网络设置"对话框
2		将"主机名"设为"insight"，"Telnet 端口"设为"3010"（用于 Socket 通信），"工业以太网协议"选择"PROFINET"，单击"设置"按钮
3		勾选"启用 PROFINET 站名"，将"站名"命名为"insight"，单击"确定"按钮。回到"insight-网络设置"对话框单击"确定"按钮，完成网络设置
4		在提示需要重启相机的对话框中，单击"是"按钮重启相机
5		单击"是"按钮，保存作业；等待相机重启，完成网络设置

续表

步骤	操作方法	操作提示
6	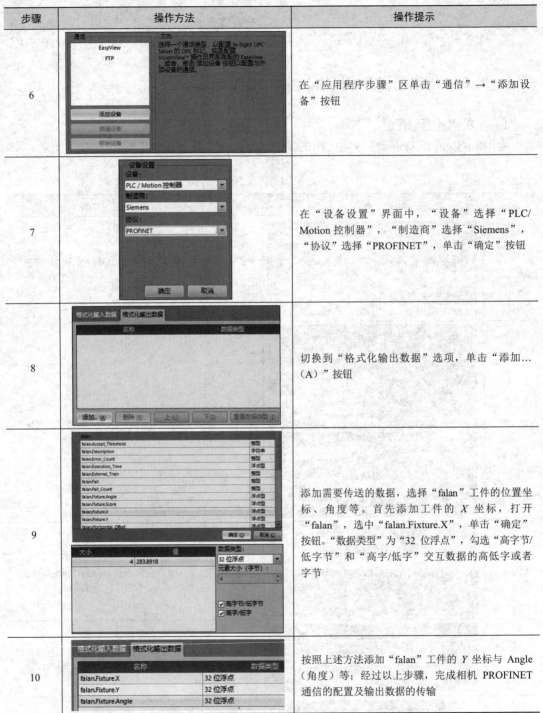	在"应用程序步骤"区单击"通信"→"添加设备"按钮
7		在"设备设置"界面中，"设备"选择"PLC/Motion 控制器"，"制造商"选择"Siemens"，"协议"选择"PROFINET"，单击"确定"按钮
8		切换到"格式化输出数据"选项，单击"添加…（A）"按钮
9		添加需要传送的数据，选择"falan"工件的位置坐标、角度等。首先添加工件的 X 坐标，打开"falan"，选中"falan.Fixture.X"，单击"确定"按钮。"数据类型"为"32 位浮点"，勾选"高字节/低字节"和"高字/低字"交互数据的高低字或者字节
10		按照上述方法添加"falan"工件的 Y 坐标与 Angle（角度）等；经过以上步骤，完成相机 PROFINET 通信的配置及输出数据的传输

相机侧的通信配置完成后，要及时保存作业、运行作业，并单击"联机"按钮。

2. PLC 侧的通信配置

应用博途软件完成 PLC 侧的通信配置，具体操作步骤如表 5-24 所示。

表 5-24 PLC 侧的通信配置操作步骤

步骤	操作方法	操作提示
1	新设备与网络 ▼ 🗀 20210827 ■ 添加新设备 🖧 设备和网络 ▼ 🖳 zah-PLC [CPU 1215C DC/DC/DC] 📑 设备组态 🔍 在线和诊断 ▶ 🗁 程序块 ▶ 🗁 工艺对象 ◉ 在项目中设置 IP 地址 IP 地址: 192 . 168 . 101 . 80 子网掩码: 255 . 255 . 255 . 0	打开博途软件，添加名称为 "zah-PLC[CPU 1215C DC/DC/DC]" 的控制器，设置其 IP 地址与相机在同一网段
2	在线(O) 选项(N) 工具(T) 窗口(W) 帮助(H) 🗐 × 🖛 ▾ 设置(S) 支持包(P) 管理通用站描述文件(GSD) (D) 启动 Automation License Manager(A)	在菜单栏单击 "选项" → "管理通用站描述文件（GSD）"
3	管理通用站描述文件 已安装的 GSD 项目中的 GSD 源路径: C:\Users\zhangah\Desktop\工业机器 导入路径的内容 ☑ 文件 版本 ☑ GSDML-V2.3-Cognex-InSight-201... V2.3	选择保存相机 GSD 文件的路径，勾选需要安装的 GSD 文件
4	📇 拓扑视图 🔚 网络视图 📑 设备视图 📲 网络 🖳 连接 HMI 连接 ▾ 🖧 关系 ▶ zah-PLC CPU 1215C	双击步骤 1 界面中的 "设备和网络"，打开 "网络视图"
5	▼ 🗁 Sensors ▼ 🗁 Cognex Corp. ▼ 🗁 Cognex Vision Systems ▮ In-Sight 54XX/51XX ▮ In-Sight 56XX ▮ In-Sight IS2XXX	在 "Sensors" → "Cognex Vision Systems" 中，选择 "In-Sight IS2XXX"
6	📲 网络 🖳 连接 HMI 连接 ▾ 🖧 关系 🖽 🖽 ⊞ ▾ zah-PLC CPU 1215C InSight In-Sight IS2XXX 未分配	拖动 "In-Sight IS2XXX" 到 "网络视图" 中
7	📲 网络 🖳 连接 HMI 连接 ▾ 🖧 关系 🖽 🖽 ⊞ ▾ zah-PLC CPU 1215C InSight In-Sight IS2XXX 选择 IO 控制器 zah-PLC.PROFINET接口_1	单击 "未分配" 按钮，选择 "zah-PLC"，表示与 zah-PLC 进行 Profinet 通信

续表

步骤	操作方法	操作提示
8	zah-PLC CPU 1215C　　InSight In-Sight IS2XXX zah-PLC　　zah-PLC.PROFINET IO-Sys...	单击"未分配"按钮，选择"zah-PLC"，表示与 zah-PLC 进行 Profinet 通信
9	**常规** 名称：inSight 作者：zhangah	设置相机属性，在"属性"→"常规"的名称框中输入名称"inSight"（与相机中配置的 Profinet 站名一致）
10	⊙ 在项目中设置 IP 地址 IP 地址：192.168.101.50 子网掩码：255.255.255.0	设置相机 IP 地址，与相机中设置的 IP 地址一致
11	拓扑视图　网络视图　设备视图 模块／机架／插槽／I 地址／Q 地址／类型 ▼ inSight 0 0 In-Sight IS2XXX ▶ insight 0 0 X1 InSight 采集控制_1 0 1 2 采集控制 采集状态_1 0 2 5...7 采集状态 检查控件_1 0 3 3 检查控件 检查状态_1 0 4 8...11 检查状态 命令控制_1 0 5 68...69 64...65 命令控制 SoftEvent 控... 0 6 2 4 SoftEvent 控制 用户数据-64 0 7 66...129 用户数据-64 个... 结果-64 个字... 0 8 70...137 结果-64 个字节	双击相机，打开相机"设备视图"，打开设备数据。配置相机通信的 I/O 地址，"结果"的大小根据实际传输的数据量更改，若结果首址为 70，则相机采集到的第 1 个数据保存的首址为 74
12	｜名称｜地址 ▼ 监控与强制表 1 "Tag_1" %M0.0 📝 添加新监... 2 "Tag_3" %Q2.0 🖥 监控表_1 3 "Tag_7" %Q2.1 🖥 监控表_2 4 %ID74 🖥 强制表 5 %ID78 ▶ 在线备份 6 %ID82	打开"监控与强制表"，添加新监控表"监控表_1"，添加监控数据的变量地址 M0.0、Q2.0、Q2.1 和 ID74、ID78、ID82 等
13	地址／显示格式／监视值／修改值 %M0.0 布尔型 FALSE TRUE %Q2.0 布尔型 FALSE %Q2.1 布尔型 FALSE %ID74 浮点数 294.208 %ID78 浮点数 314.6465 %ID82 浮点数 22.13228	将 M0.0 修改为"TRUE"，相机采集结果数据显示在右侧"监视值"一栏
14	格式化输入数据　**格式化输出数据** 名称／数据类型／大小／值 falan.Fixture.X 32 位浮点 4 283.3842 falan.Fixture.Y 32 位浮点 4 336.1216 falan.Fixture.Angle 32 位浮点 4 -0.8515746	对比 PLC 接收到的数据与相机发送的数据是否一致，数据一致说明相机与 PLC 之间通过 Profinet 通信成功发送数据

3．PLC 的通信编程

在控制信号 M0.0 的上升沿时将采集控制位 Q2.0 置位（相机使能控制），接着在采集状态位 I5.0 上升沿时触发相机拍照（Q2.1 置位），拍照完成（I5.1 置位）时复位相机使能信号（Q2.0）、拍照触发指令（Q2.1）和信号 M0.0，例程如图 5-27 所示。

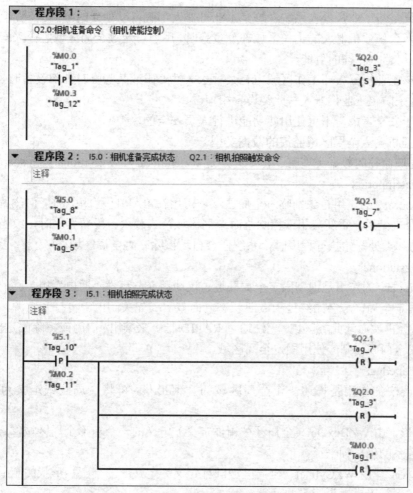

图 5-27 PLC 的通信编程

模块拓展

1. 工业机器人全局区域监控概述

在视觉应用过程中，工业机器人和相机的距离非常近，稍有不慎工业机器人就有撞到相机的可能，因此需要设置工业机器人的全局区域监控。工业机器人进入设置的全局区域时，将立即停止运动，避免撞到相机。全局区域监控是 ABB 工业机器人配备的选项 608-1 World Zones 的功能。

全局区域监控具有以下特性。

① 可以定义箱形、圆柱形、球形及关节值区域。

② 当 TCP 或者关节值进入某个区间或离开某个区间时，用户可以设置一个输入输出信号。

③ 当工业机器人到达某个区间的边界时，工业机器人停止。

④ 可以通过启动自动激活，也可以使用程序进行激活与禁用。

⑤ 如果是多工业机器人系统，每个工业机器人都有自己独立的全局区域。

⑥ 当两台工业机器人的工作区域部分重叠时，用户可通过全局区域监控来安全地消除这两台工业机器人相撞的可能。

⑦ 当该工业机器人的工作区域内有某种永久性障碍或某些临时外部设备时，用户可创建一个禁区来防止工业机器人与此类设备相撞。

⑧ 出于安全考虑，不可使用此功能进行人员安全的保护。

2．工业机器人全局区域监控的数据类型

全局区域监控的数据类型有 3 种，分别是 wztemporary、wzstationary 和 shapedata。

（1）wztemporary

wztemporary 的作用是识别临时全局区域，可用在 RAPID 程序中的任何位置。可通过 RAPID 指令来禁用、重新启用或擦除临时全局区域。当载入一段新程序时，或当从例行程序 main() 的起点处开始执行程序时，系统便会自动擦除临时全局区域。

（2）wzstationary

wzstationary 的作用是识别固定全局区域，仅能用在与事件"通电"相关联的一则事件例程中。固定全局区域会始终处于激活状态，而重启（先关闭电源再打开电源，或更改系统参数）则会再次激活此类区域。无法通过 RAPID 指令来禁用、启用或擦除固定全局区域。如果涉及安全问题，则应使用固定全局区域。

（3）shapedata

shapedata 的作用是描述一个全局区域的几何形状，可将全局区域定义为以下 4 种形状。

① 箱形，由 WZBoxDef（全局区域箱体定义）定义的一个箱形全局区域，其所有边都和大地坐标系的坐标轴平行。

② 圆柱形，由 WZCylDef（全局区域圆柱定义）定义的一个圆柱形状的全局区域，该圆柱的轴线平行于大地坐标系的 z 轴。

③ 球形，由 WZSphDef 指令定义。

④ 针对工业机器人轴或外轴的一个关节角区域，由指令 WZHomeJointDef 或者 WZLimJointDef 定义。

3．工业机器人全局区域监控指令

全局区域监控指令包括 WZEnable、WZFree、WZBoxDef、WZLimSup。

（1）WZEnable 指令

WZEnable 指令用于重新启用对临时全局区域的监控，以便停止移动或设置输出。例程如下。

```
WZEnable wzone;
```

说明：wzone 为 wztemporary 型或永久变量，其包含待启用全局区域的识别号。

（2）WZFree 指令

WZFree 指令用于擦除临时全局区域的定义，以便停止移动或设置输出。例程如下。

```
WZFree wzone;
```

说明：wzone 为 wztemporary 型或永久变量，其包含待启用全局区域的识别号。

（3）WZBoxDef 指令

WZBoxDef 指令用于定义拥有直线箱形状且各侧均与大地坐标系各轴平行的全局区域。例程如下。

```
VAR shapedata volume;
CONST pos corner1:=[200,100,100];
CONST pos corner2:=[600,400,400];
WZBoxDef \Inside, volume, corner1, corner2;
```

其中，参数 volume 用于存储指定体积的变量；corner1 用于定义箱子的一个较低角的位置（x、y、z）；corner2 用于定义对角的位置（x、y、z）。

（4）WZLimSup 指令

WZLimSup 指令用于定义行动，并启用区域，以监控机械臂或外轴的工作区域。例程如下。

```
VAR shapedata volume;
WZBoxDef \Outside, volume, corner1, corner2;
WZLimSup \Stat, max_workarea, volume;
```

说明：\Stat 表示定义的全局区域为固定全局区域；max_workarea 是通过全局区域的识别号（数值）来更新的变量或永久变量；volume 用于定义全局区域体积的变量。

4. 工业机器人全局区域监控应用举例

为了更好地理解工业机器人全局区域监控功能，表 5-25 显示了全局区域监控变量的创建流程与相机安全区域的设置方法。

表 5-25　工业机器人全局区域监控变量的创建流程与相机安全区域的设置方法

步骤	操作方法	操作提示
1		从 ABB 菜单进入"程序数据"，数据类型选择"wztemporary"，并新建变量"CameraWZ"
2		选择数据类型"shapedata"，新建变量"CameraArea"

续表

步骤	操作方法	操作提示
3	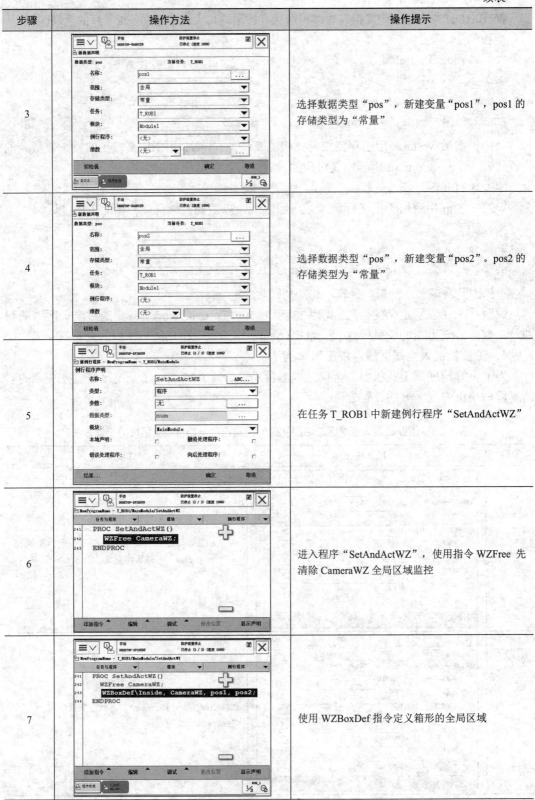	选择数据类型"pos",新建变量"pos1",pos1 的存储类型为"常量"
4		选择数据类型"pos",新建变量"pos2"。pos2 的存储类型为"常量"
5		在任务 T_ROB1 中新建例行程序"SetAndActWZ"
6		进入程序"SetAndActWZ",使用指令 WZFree 先清除 CameraWZ 全局区域监控
7		使用 WZBoxDef 指令定义箱形的全局区域

续表

步骤	操作方法	操作提示
8	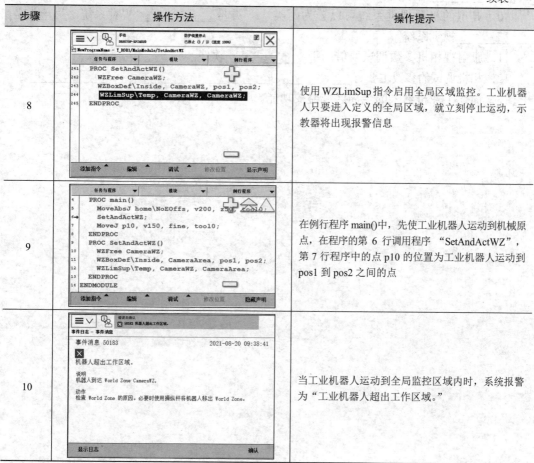	使用 WZLimSup 指令启用全局区域监控。工业机器人只要进入定义的全局区域，就立刻停止运动，示教器将出现报警信息
9		在例行程序 main()中，先使工业机器人运动到机械原点，在程序的第 6 行调用程序 "SetAndActWZ"，第 7 行程序中的点 p10 的位置为工业机器人运动到 pos1 到 pos2 之间的点
10		当工业机器人运动到全局监控区域内时，系统报警为"工业机器人超出工作区域。"

课后习题

1. 步进电机是一种将_____信号变换成相应的角位移（或线位移）的电磁装置，是一种特殊的电机。

2. 每给步进电机一个脉冲信号，它就转过一定的角度，该角度称为_____角。

3. 当步进电机步距角不能满足使用要求时，可采用_____驱动器来驱动步进电机。

4. 控制固有步距角为 1.8°、细分数为 1/16 的步进电机转一圈需要_____个脉冲。

5. 简述西门子 PLC 控制步进驱动系统的 3 种方式。

6. Modbus 通信协议是一个_____架构的协议。

7. Modbus 的 3 种通信方式分别是_____、_____与_____。

8. 为了实现与伺服驱动器的 RS485 通信，S71200 可以配置_____信号模块或_____信号板。

9. 一般构建 PLC 与伺服驱动器的 Modbus 通信系统时，将_____配置为通信主站，_____为通信从站。

10. 典型的机器视觉系统可以分为两类，一类是_____视觉系统，另一类是_____视觉系统。

11. 康耐视相机参数调试要借助于_____软件。

12. 相机调试的参数主要有_____、_____、_____、_____等。

13. 简述工业机器人的全局区域监控功能。

附录

RAPID 程序指令

1. 常用（Common）指令

指令标识符	指令说明
:=	对程序数据进行赋值
Compact IF	如果条件满足就执行一条指令
FOR	根据指定的次数，重复执行对应的程序
IF	当满足不同条件时，执行对应的程序
MoveAbsJ	绝对位置运动
MoveC	圆弧运动
MoveJ	关节运动
MoveL	直线运动
ProCall	调用例行程序
Reset	将数字输出信号置为 0
RETURN	返回原例行程序
Set	将数字输出信号置为 1
WaitDI	等待一个数字输入信号达到设定值
WaitDO	等待一个数字输出信号达到设定值
WaitTime	等待指定时间程序再往下执行
WaitUntil	等待条件满足后程序继续往下执行
WHILE	如果条件满足，重复执行对应的程序

2. 流程控制（Prog. Flow）指令

指令标识符	指令说明
Break	临时停止程序的执行，用于手动调试
CallByVar	通过变量调用无返回值程序
Compact IF	如果满足条件就执行一条指令
EXIT	终止程序执行

指令标识符	指令说明
ExitCycle	中断当前循环并开始下一个循环
FOR	重复给定的次数
GOTO	将程序转移到相同程序内的某一标记处
IF	当满足不同条件时，执行对应的程序
Label	跳转标签
ProcCall	调用例行程序
RETURN	返回原例行程序
Stop	停止程序执行
SystemStopAction	停止机器人系统
TEST	对一个变量进行判断以执行不同的程序分支
WHILE	如果条件满足，重复执行对应的程序

3. 各种（Various）指令

指令标识符	指令说明
CancelLoad	取消模块加载
CheckProgRef	检查程序引用
Comment	注释
EraseModule	删除模块
Load	加载程序模块
RemoveAllCyclic	删除所有循环计算的逻辑条件
RemoveCyclicBool	删除循环计算的逻辑条件
Save	保存程序模块
SetupCyclicBool	设置进行循环计算的逻辑条件
StartLoad	将程序模块加载到运行内存中
UnLoad	从内存中卸载程序模块
WaitDI	等待一个数字输入信号达到设定值
WaitDO	等待一个数字输出信号达到设定值
WaitLoad	将程序模块加载到内存已存在的模块中
WaitTime	等待指定时间程序再往下执行
WaitUntil	等待条件满足后程序继续往下执行

4. 运动设置（Setting）指令

指令标识符	指令说明
AccSet	定义机器人加速度

指令标识符	指令说明
ActEventBuffer	在当前运动程序任务中启用事件缓冲
ConfJ	关节运动期间的控制配置
ConfL	直线运动期间的监控配置
CornerPathWarning	显示或隐藏圆角路径警告
DeactEventBuffer	在当前运动程序任务中停用事件缓冲
EOffsOff	停用附加轴的偏移量
EOffsOn	启用附加轴（使用已知值）的偏移量
EOffsSet	启用附加轴的偏移量
GetJointData	获取具体关节数据
GripLoad	定义机械臂的有效负载
MechUnitLoad	确定机械单元的有效负载
PDispOff	停用程序位移
PDispOn	启用程序位移
PDispSet	启用使用已知坐标系的程序位移
ResetAxisDistance	重置该轴的横越距离信息
ResetAxisMoveTime	重置该轴的移动计时器
SingArea	确定机器人在奇异点附近如何运动
SoftAct	启用软伺服
SoftDeact	停用软伺服
VelSet	设定倍率与最大速度

5. 运动类指令

指令标识符	指令说明
ActUnit	启用机械单元
DeactUnit	停用机械单元
MoveAbsJ	绝对位置运动
MoveC	圆弧运动
MoveCAO	TCP 沿圆弧运动，设置拐角处的模拟信号输出
MoveCDO	TCP 沿圆弧运动，设置拐角处的数字信号输出
MoveCGO	TCP 沿圆弧运动，设置拐角处的组信号输出
MoveExtJ	使外轴沿直线运动或旋转外轴
MoveJ	关节运动
MoveJAO	机器人进行关节运动，设置拐角处的模拟信号输出

指令标识符	指令说明
MoveJDO	机器人进行关节运动，设置拐角处的数字信号输出
MoveJGO	机器人进行关节运动，设置拐角处的组信号输出
MoveL	TCP 直线运动
MoveLAO	TCP 直线运动，设置拐角处的模拟信号输出
MoveLDO	TCP 直线运动，设置拐角处的数字信号输出
MoveLGO	TCP 直线运动，设置拐角处的组信号输出
SearchC	TCP 沿圆弧运动时，监控数字输入信号或持续变量，当信号持续变量的值变为所需值时，立即读取当前位置
SearchExtJ	旋转外轴时，用于搜索外轴位置
SearchL	TCP 沿直线运动时，用于搜索位置

6. 输入/输出（I/O）指令

指令标识符	指令说明
AliasIO	确定 I/O 信号及别名
AliasIOReset	重置 I/O 信号及别名
InvertDO	转化数字信号输出的信号值
IOBusStart	创建特定的 I/O 总线
IOBusState	获取 I/O 总线的当前状态
IODisable	在程序执行期间停用 I/O 单元
IOEnable	在程序执行期间启用 I/O 单元
PulseDO	产生数字输出信号的脉冲
Reset	将数字输出信号置为 0
Set	将数字输出信号置为 1
SetAO	改变模拟信号输出值
SetDO	改变数字信号输出值
SetGO	改变组数字信号输出值
WaitAI	等待直至已设置模拟信号输入值
WaitAO	等待直至已设置模拟信号输出值
WaitDI	等待一个数字输入信号达到设定值
WaitDO	等待一个数字输出信号达到设定值
WaitGI	等待直至已设置组数字输入信号值
WaitGO	等待直至已设置组数字输出信号值

7. 通信（Communicate）指令

指令标识符	指令说明
ClearIOBuff	清除串行通道的输入缓存
ClearRawBytes	清除原始字节数据内容
Close	关闭文件或串行通道
CopyFile	复制现有文件
CopyRawBytes	复制原始字节数据内容
ErrWrite	写入错误消息
IRMQMessage	下达数据类型的 RMQ 中断指令
Open	打开文件或串行通道
PackRawBytes	将数据装入原始字节数据
ReadAnyBin	读取二进制串行通道或文件的数据
ReadRawBytes	读取原始字节数据
Rewind	将文件位置设置为文件开头
RMQEmptyQueue	清空 RAPID 消息队列
RMQFindSlot	寻找已命名的 RMQ 或机器人应用开发客户端的槽识别号
RMQGetMessage	获取 RMQ 消息
RMQGetMsgData	从 RMQ 消息中获取数据部分
RMQGetMsgHeader	从 RMQ 消息中获取标题信息
RMQReadWait	从 RMQ 返回消息
RMQSendMessage	发送 RMQ 数据消息
RMQSendWait	发送 RMQ 数据消息，并等待响应
SCWrite	将变量数据发送到客户端应用
SocketAccept	接收输入连接
SocketBind	将套接字与指定服务器 IP 地址和端口号绑定
SocketClose	关闭套接字
SocketConnect	连接远程计算机
SocketCreate	创建新套接字
SocketListen	监听输入连接
SocketReceive	接收来自远程计算机的数据
SocketSend	向远程计算机发送数据
TPErase	删除在 FlexPendant 示教器上显示的文本
TPReadDnum	从 FlexPendant 示教器读取编号
TPReadFK	读取功能键
TPReadNum	从 FlexPendant 示教器读取编号

续表

指令标识符	指令说明
TPShow	从 RAPID 选择 FlexPendant 示教器窗口
TPWrite	在 FlexPendant 示教器上写入文本
UIMsgBox	用户消息对话框
UIMsgWrite	非等待用户消息对话框类型
UIMsgWriteAbort	非等待中止用户消息对话框类型
UIShow	用户界面显示
UnpackRawBytes	将 rawbytes 型容器的内容解包至 byte、num、dnum 或 string 型变量
Write	写入基于字符的文件或串行通道
WriteAnyBin	将数据写入二进制串行通道或文件
WriteBin	写入一个二进制串行通道
WriteRawBytes	写入原始字节数据
WriteStrBin	将字符串写入一个二进制串行通道

8. 中断（Interrupt）指令

指令标识符	指令说明
CONNECT	发现中断识别号，并将其与软中断程序相连
GetTrapData	获取当前 TRAP 的中断数据
IDelete	取消中断，中断删除
IDisable	禁用中断
IEnable	启用中断
IError	在出现错误时，下达中断指令和启用中断
IPers	在永久变量的数值发生改变时，下达中断指令和启用中断
ISignalAI	下达和启用模拟信号输入时的中断指令
ISignalAO	下达和启用模拟信号输出时的中断指令
ISignalDI	下达和启用数字信号输入时的中断指令
ISignalDO	下达和启用数字信号输出时的中断指令
ISignalGI	下达和启用数字组信号输入时的中断指令
ISignalGO	下达和启用数字组信号输出时的中断指令
ISleep	暂时停用单个中断
ITimer	下达和启用定时中断的指令
IWatch	启用先前下达却通过 ISleep 停用的中断指令
ReadErrData	获取关于错误的信息

9. 错误恢复（Error Rec.）指令

指令标识符	指令说明
BookErrNo	登记新的 RAPID 系统错误编号
ErrLog	在 FlexPendant 示教器上显示错误消息，并将其写入事件日志
ErrRaise	在程序中创建错误，然后调用程序的错误处理器
EXIT	终止程序执行
RAISE	在程序中产生错误，随后调用程序的错误处理器
ResetRetryCount	重置错误处理器的重试次数
RETRY	在错误后恢复程序的执行
RETURN	完成程序的执行，如果程序是一个函数，则同时返回函数值
SkipWarn	跳过最近的警告
TRYNEXT	执行引起错误的指令

10. 系统与时间（System & Time）指令

指令标识符	指令说明
ClkReset	重置用于定时的时钟
ClkStart	启动用于定时的时钟
ClkStop	停止用于定时的时钟
CloseDir	关闭路径
MakeDir	创建新路径
OpenDir	打开路径
ReadCfgData	读取一个系统参数（配置数据）的一项属性
RemoveDir	删除路径
RemoveFile	删除文件
RenameFile	重命名文件
SaveCfgData	将系统参数保存至文件
WriteCfgData	写入一个系统参数（配置数据）的一项属性

11. 数学（Mathematics）指令

指令标识符	指令说明
Add	增加数值
BitClear	在确定的 byte 数据或者 dnum 数据中清除（设置为 0）一个特定位
BitSet	将 byte 数据或 dnum 数据中确定的特定位设置为 1
Clear	清除数值变量或永久数据对象，即将数值设置为 0
Decr	将数值变量或者永久数据对象减去 1
FitCircle	使圆圈与 3D 点拟合

指令标识符	指令说明
Incr	向数值变量或者永久数据对象增加 1
MatrixSolve	计算线性方程组
MatrixSolveQR	计算矩阵的因式分解
MatrixSVD	计算奇异值分解
TryInt	测试数据对象是否为有效整数

12. 高级运动设置（MotionSetAdv）指令

指令标识符	指令说明
CirPathMode	圆周路径期间的工具方位调整
PathAccLim	设置或重置沿运动路径的 TCP 加速度和/或减速度限值
PathResol	覆盖系统参数定义配置的几何路径采样时间
SpeedLimAxis	设置关节轴的速度限值
SpeedLimCheckPoint	设置检查点的速度限值
SpeedRefresh	更新连续运动的速度倍率
TuneReset	重置所有轴的伺服调节值
TuneServo	调节机械臂上关节轴的动态性能
WaitRob	等待机械臂和外轴到达停止点或零速度
WorldAccLim	限制大地坐标系中工具（和有效负载）的加速度/减速度
WZBoxDef	定义一个箱形全局区域
WZCylDef	定义圆柱形全局区域
WZDisable	停用临时全局区域监控
WZDOSet	启用全局区域，设置数字信号输出
WZEnable	启用临时全局区域监控
WZFree	删除临时全局区域监控
WZHomeJointDef	定义关节原点的全局区域
WZLimJointDef	定义关节限制的全局区域
WZLimSup	启用全局区域限制监控
WZSphDef	定义球形全局区域

13. 高级运动指令

指令标识符	指令说明
ClearPath	清除当前运动路径等级上的整个运动路径
MoveCSync	机械臂沿圆弧运动接着执行 RAPID 无返回值程序
MoveJSync	通过关节运动来移动机械臂接着执行 RAPID 无返回值程序

续表

指令标识符	指令说明
MoveLSync	机械臂沿直线运动接着执行 RAPID 无返回值程序
RestoPath	恢复早期使用 StorePath 所存储的路径
StartMove	重启机械臂移动
StartMoveRetry	重启机械臂移动和设定相关参数
StepBwdPath	在路径上向后移动一步
StopMove	停止机械臂的移动
StopMoveReset	重置系统停止移动状态
StorePath	存储执行中的移动路径
TriggC	当机械臂在圆弧路径上移动时设置输出信号和/或在固定位置运行中断程序
TriggCheckIO	定义位于固定位置的 I/O 检查
TriggDataCopy	复制触发数据变量中的内容
TriggDataReset	重置触发数据变量中的内容
TriggEquip	定义路径上的固定位置和时间 I/O 事件
TriggInt	定义与位置相关的中断
TriggIO	定义停止点附近的固定位置或时间 I/O 事件
TriggJ	关于事件的轴式机械臂运动
TriggJIOs	机械臂关节移动及 I/O 事件
TriggL	机械臂进行线移动时，TriggL 用于设置输出信号和/或在固定位置运行中断程序
TriggLIOs	机械臂进行线移动时，TriggLIOs 用于设置固定位置处的输出信号
TriggRampAO	定义路径上的固定位置斜坡模拟输出事件
TriggSpeed	定义与固定位置、时间尺度事件成比例的 TCP 速度模拟信号输出
TriggStopProc	产生关于停止时触发信号的重启数据

14. 多任务与多运动（Multitasking&MultiMove）指令

指令标识符	指令说明
SyncMoveUndo	强制重置同步协调移动，并将系统设置为独立移动模式
WaitSyncTask	在同步点等待其他程序任务
WaitTestAndSet	等待变量为 FALSE，随后将其设为 TRUE，再继续执行

15. 配套（RAPID support）指令

指令标识符	指令说明
GetDataVal	获得数据对象的值
GetSysData	获取指定数据类型的当前系统数据的数值和可选符号名称
ResetPPMoved	重置以手动模式移动的程序指针的状态

续表

指令标识符	指令说明
SetAllDataVal	设置所有数据对象的值
SetDataSearch	定义在搜索序列中设置的符号
SetDataVal	设置数据对象的值
SetSysData	设置系统数据
TextTabInstall	在系统中安装一份文本表格
WarmStart	重启控制器

16. 校准与服务（Calibration & Service）指令

指令标识符	指令说明
BrakeCheck	机器人轴制动性能检查
MToolRotCalib	校准移动工具的旋转
MToolTCPCalib	校准移动工具的 TCP
SpyStart	开始记录执行期间的指令和时间数据
SpyStop	在执行期间，停止记录时间数据
SToolRotCalib	关于固定工具的 TCP 和旋转的校准
SToolTCPCalib	固定工具的 TCP 校准
TestSignDefine	定义有关机械臂运动系统的测试信号
TestSignReset	重置所有测试信号的定义

参考文献

[1] 韩建海. 工业机器人（第四版）[M]. 武汉：华中科技大学出版社，2019.
[2] 张爱红. 工业机器人应用与编程技术 [M]. 北京：电子工业出版社，2015.
[3] 张爱红. 工业机器人操作与编程技术（FANUC）[M]. 北京：机械工业出版社，2017.
[4] 上海 ABB 工程有限公司. ABB 工业机器人实用配置指南[M]. 北京：电子工业出版社，2019.
[5] 王志强，禹鑫燚，蒋庆斌，等. 工业机器人应用编程（ABB）[M]. 北京：高等教育出版社，2021.